电梯安装调试技术手册

李长明　编著

机 械 工 业 出 版 社

本书是根据电梯安装维修工的实际工作要求，采用图文对照的方式编写的。本书内容分为两部分：第 1 部分为垂直电梯，主要介绍了一般规定，安装前的准备，样板架的架设，导轨架及导轨的安装，曳引机的安装和调整，限速器的安装，轿厢架、安全钳及导靴的安装，轿厢的安装和调整，对重架的安装，缓冲器的安装，悬挂装置的安装，门系统的安装，电源及照明装置的安装，配线，电气设备的安装，安全保护装置的安装，试机调整；第 2 部分为自动扶梯，主要介绍了扶梯的施工进度，扶梯的安装与调试要求，扶梯安装的工作流程，扶梯安装前的准备工作，扶梯的吊装就位，扶梯现场安装，扶梯的调试与维护等。此外，书中还附有一些实用技术数据和资料。

本书可供从事电梯安装、维修、管理工作的人员使用，也可供职业院校和技工学校电梯专业的师生参考，还可供电梯生产企业制作产品说明时参考和员工培训使用。

图书在版编目（CIP）数据

电梯安装调试技术手册/李长明编著. —北京：机械工业出版社，2018.7（2025.1 重印）

ISBN 978-7-111-59816-9

Ⅰ.①电… Ⅱ.①李… Ⅲ.①电梯-安装-技术手册②电梯-调试方法-技术手册 Ⅳ.①TU857-62

中国版本图书馆 CIP 数据核字（2018）第 075295 号

机械工业出版社（北京市百万庄大街 22 号　邮政编码 100037）
策划编辑：陈玉芝　责任编辑：陈玉芝　王华庆
责任校对：梁　静　封面设计：张　静
责任印制：郜　敏
北京富资园科技发展有限公司印刷
2025 年 1 月第 1 版第 3 次印刷
169mm×239mm · 6.5 印张 · 121 千字
标准书号：ISBN 978-7-111-59816-9
定价：39.80 元

电话服务	网络服务
客服电话：010-88361066	机　工　官　网：www.cmpbook.com
010-88379833	机　工　官　博：weibo.com/cmp1952
010-68326294	金　　书　　网：www.golden-book.com
封底无防伪标均为盗版	机工教育服务网：www.cmpedu.com

前　言

随着我国经济的快速发展和城镇化进程的持续推进，房地产投资持续增加，同时大量公共基础设施建设、节能改造项目等在不断增加，这些都推动了我国电梯产量的持续增长。截至2023年年底，我国在用电梯保有量接近1063万台。近几年在我国城镇化建设加速的背景下，政府采购项目已成为电梯市场一个新的增长点。政府采购项目主要集中于基础设施建设领域，投资力度较大，为电梯行业发展打开了新的局面。我国在今后相当长的时间内仍将是全球最大的电梯市场之一，电梯的安装和维修量都将持续增加。

鉴于我国电梯市场现状和发展趋势，为帮助广大电梯从业人员快速、准确地掌握电梯安装调试技术及相关知识，本书根据电梯安装维修工的实际工作要求进行编写，主要介绍了电梯安装前的准备、电梯的安装及安装注意事项、试机调整等内容。书中不但给出了标准规范要求，而且提供了大量的图表进行辅助说明。此外，书中还附有一些实用技术数据和资料。

本书可供从事电梯安装、维修、管理工作的人员使用，也可供职业院校和技工学校电梯专业的师生参考，还可供电梯生产企业制作产品说明时参考和员工培训使用。

在本书的编写过程中，得到了电梯行业同仁的帮助，在此表示衷心的感谢！

由于编写时间仓促，书中难免存在不足之处，敬请广大读者朋友批评指正。

李长明

目 录

第1部分　垂直电梯

1　一般规定

本部分内容适用于电力拖动曳引驱动的各类电梯。本部分未涉及的安装质量和技术要求可按照 GB/T 10058—2009《电梯技术条件》及 GB/T 10060—2011《电梯安装验收规范》中的有关规定执行。

2　安装前的准备

2.1　劳动力的组织

需要2名有一定电梯安装经验的钳工和1名熟悉电梯电气设备的电工组成安装队。

2.2　井道的测量

2.2.1　测量方法

根据电梯土建总体布置图复核井道内的净平面尺寸（宽和深）、井道垂直度、井道留孔位置、预埋件位置、底坑深度、顶层高度、层站数、提升高度、井道内牛腿位置等，并将结果按层数列表做好记录。如果发现和土建总体布置图不相符，应通知用户及时予以修正，修正后方能开始施工。

2.2.2　测量方式

对于高层建筑（提升高度大于或等于30m），井道垂直度应采用放线测量的方式进行测量。

2.3　开箱点件

2.3.1　清点、核对零部件

安装前会同用户查验设备装箱清单所列的零部件名称、规格、数量与箱内所装零部件是否相符，并核对箱内所有零部件及安装材料。如果发现漏发、错发和损坏的零部件，应由用户及时与有关单位联系解决。

2.3.2 有效管理

开箱后，所有零部件应妥善保管，小件入库，大件（如导轨、对重架、对重块等）可堆放在一层电梯厅门附近（注意堆放整齐）。曳引机、控制柜、限速器应运到电梯机房，这样可以避免二次搬运，便于施工。堆放时安装材料要散放，避免楼板承重过大。

2.4 搭设安装电梯所用的脚手架

2.4.1 脚手架选型

根据电梯轿厢大小以及对重位置确定脚手架形式（单井字式或双井字式），具体尺寸和要求见电梯生产企业的脚手架施工图。

2.4.2 清理施工现场

在搭设脚手架之前，应清除井道底坑内的积水、杂物，以及井道壁上妨碍安装的物体。

2.4.3 安全事项

为保证安全，应在各厅门口设置明显的警告标志，防止闲杂人员靠近安装现场，以免发生伤害事故。

2.4.4 脚手架搭设要求

脚手架应安全稳固，其承重能力不得小于2330N/m^2。

2.4.5 脚手架起用要求

脚手架搭设完毕后，需由安装人员进行全面、仔细的检查以后方可使用。

2.4.6 消防措施

当需要在井道内进行焊接时，应有临时灭火措施，如干粉灭火器等。

2.5 安全施工

安装小组负责人应对安装人员进行安全教育，告知其注意事项、安全操作规程，工作时应互相监督。必须落实安全措施，如戴安全帽，系安全带，在井道内施工时避免上下同时作业，严禁带电作业，严禁穿硬底鞋等。

3 样板架的架设

3.1 样板架的制作

3.1.1 样板架

根据电梯土建总体布置图制作样板架。样板架平面示意图如图1-1、图1-2所示。

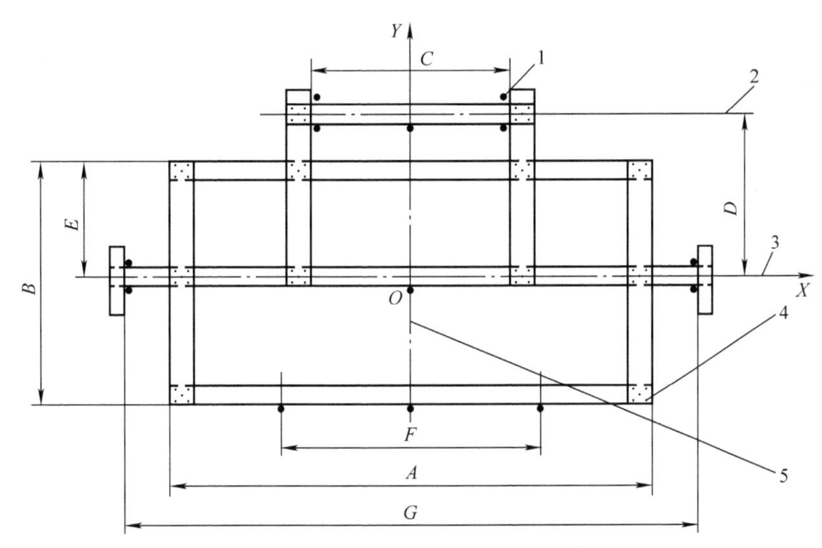

图 1-1　对重后置式样板架平面示意图

1—样线　2—对重架中心线　3—轿厢 X 向中心线　4—连接铁钉　5—轿厢 Y 向中心线
A—轿厢宽　B—轿厢深　C—对重导轨架间的距离　D—轿厢架中心线与对重架中心线的距离
E—轿厢 X 向中心线至轿厢后沿的距离　F—开门净宽　G—轿厢导轨架间的距离

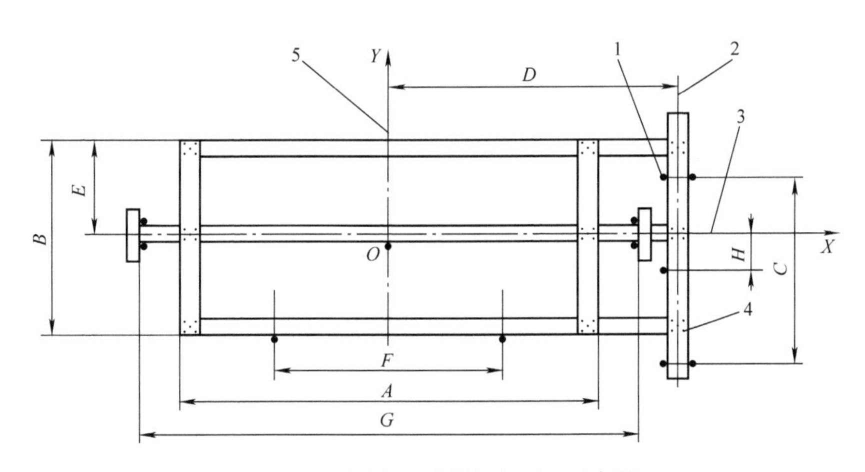

图 1-2　对重侧置式样板架平面示意图

1—样线　2—对重架中心线　3—轿厢 X 向中心线　4—连接铁钉　5—轿厢 Y 向中心线
A—轿厢宽　B—轿厢深　C—对重导轨架间的距离　D—轿厢架中心线与对重架中心线的距离
E—轿厢 X 向中心线至轿厢后沿的距离　F—开门净宽　G—轿厢导轨架间的距离　H—轿厢与对重块的偏心距离

3.1.2　制作样板架的要求

用于制作样板架的木条应干燥，不易变形，四面刨平且互成直角。其截面尺寸见表 1-1。

表1-1 样板架木条截面尺寸

提升高度/m	长度/mm	宽度/mm
≤20	80	40
>20	100	33

3.1.3 注意事项

在样板架上标出轿厢中心线、轿厢门中心线、轿厢门门口净宽线、导轨中心线，各线的位置偏差不应超过0.5mm。

（1）导轨间距要求　按照土建总体布置图要求，轿厢导轨架间的距离为轿厢导轨间的距离加上2倍的导轨截面高度再加上2～4mm的调节余量（见图1-3）。对重导轨架间的距离为2倍对重导轨截面高度再加上2～4mm的调节余量。

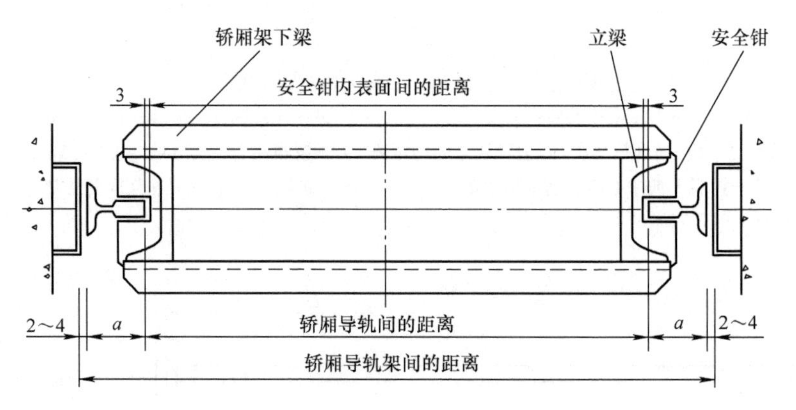

图1-3　导轨间距

注：a为导轨截面高度。

（2）样板架锯削要求　在样板架各标出点处用锯片锯出切口，并在其附近钉一颗小钉子，以备悬挂样线用。

3.2 样板架的安置和样线的悬挂

3.2.1 放置木梁

在井道顶部距机房楼板500～600mm处的立面上凿出4个尺寸为133mm×133mm的方洞，将两根截面尺寸为100mm×100mm的木梁置于方洞内，用以托起样板架，如图1-4所示。

如果是混凝土井道，可以用角钢架设木梁，用M16膨胀螺栓将6mm×63mm×63mm的角钢固定在混凝土墙上，如图1-4所示。

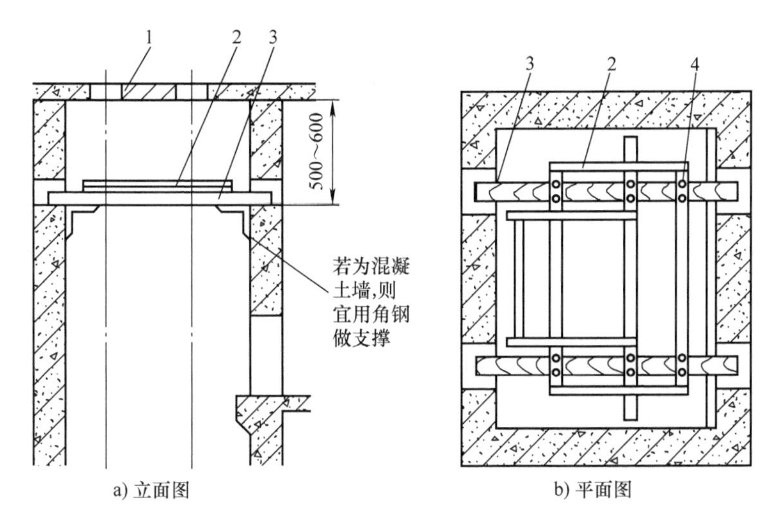

图 1-4　样板架安置示意图

1—机房楼板　2—样板架　3—木梁　4—固定样板架的铁钉

3.2.2　样线悬挂要求

将样板架水平置于木梁上，要求水平度小于 2mm/1000mm。在样线悬挂处放一根直径为 0.5～0.7mm 的细钢丝至底坑处，并在线端挂 5～7kg 的铅锤，置于样板架的切口处，形成铅垂线。

3.2.3　顶部样板架放置时的注意事项

3.2.3.1　层站入口设计要求

以层站入口为基准，前后移动地测量层站入口至样线的距离，最小处应符合土建总体布置图要求，且两条门口样线与厅门外墙基本平行。

3.2.3.2　安装样板架

左右移动样板架，使导轨架与样线和井道壁间的左右距离基本一致，同时应注意门口样线间距与厅门门洞的尺寸基本一致。

3.2.3.3　固定样板架

确认样板架在井道内前后、左右的位置均合适后，将顶部样板架加以固定。

3.2.4　固定底坑样板架

待顶部样板架固定稳妥后，在底坑中距地面 800～1000mm 处固定一个与顶部样板架相似的样板架，如图 1-5 所示。当每条样线与底坑样板架上的各对应点重合时，用 U 形钉将样线固定在底坑样板架上。

注意：顶部样板架与底坑样板架间的水平偏移量不应超过 1mm。

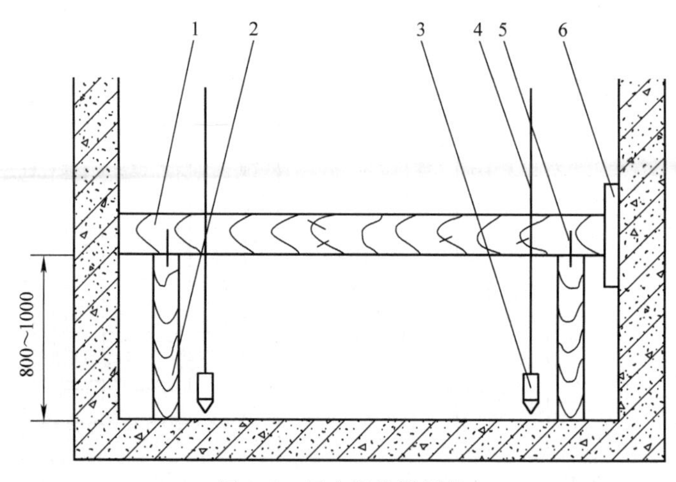

图 1-5　固定底坑样板架

1—底坑样板架　2—撑木　3—铅锤　4—样线　5—U 形钉　6—木楔

4　导轨架及导轨的安装

4.1　导轨架的安装

4.1.1　预埋钢板焊接式导轨架的安装

根据样板架上的导轨架间距样线，确定每一档导轨架的长度。

根据导轨架上的压板螺栓孔距，在顶端、底端的导轨架上刻以校正用的中心线以及校正线，并打上标记，安装时此两刻线应对准样线。

校正顶端、底端导轨支架的位置及水平度。

以顶端、底端导轨架为基准再敷设两根用于定位压板螺栓孔间距的样线，以此两线来安装中间导轨架。导轨架与样线的间隙应为 1mm，如图 1-6 所示。

焊接时需双面连续焊，焊后应清除焊渣，不能有夹渣、虚焊现象。焊后应进行涂装处理。

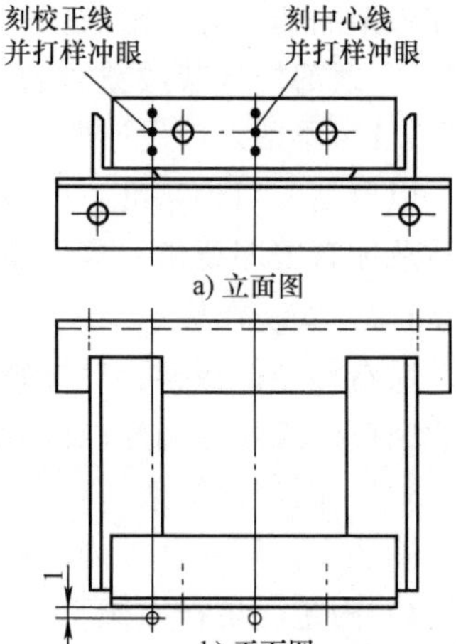

刻校正线
并打样冲眼
刻中心线
并打样冲眼
a) 立面图
1
b) 平面图

图 1-6　导轨架与样线的间隙

4.1.2　膨胀螺栓导轨架的安装

只有在混凝土墙上才可以使用膨胀螺栓安装导轨架。在导轨架安装位置上，依据样线所指位置，在距中心线左右各 110mm 的位置打 ϕ22mm 的孔。该孔应用冲击钻施工。左右对重导轨距中心线各 70mm。

在 ϕ22mm 孔内置入 M16 的膨胀螺栓，其膨胀管应全部埋入墙内，其圆口端距墙面约 5mm，用螺母加弹性垫圈和平垫圈将其固定在墙面上。具体要求如下：

1）角钢的安装水平度小于 1mm/100mm。

2）螺母拧紧力矩应大于 200N · m。

3）按 4.1.1 中放置样线并确定导轨架的长度，在角钢上面焊接导轨架。

4.1.3　导轨架的水平度要求

无论何种安装形式，导轨架的水平度（见图 1-7）都不应超过 1.5mm/100mm。

4.2　导轨的安装

4.2.1　安装导轨前的注意事项

安装前应检查导轨工作面有无磕碰、毛刺和弯曲现象。拆除导轨架样线，将导轨由底坑向上逐根立起。第一根导轨下端应安放在底坑平面上，导轨连接处应擦洗干净，修锉毛刺。导轨用螺栓、导轨连接板连接牢固，用导轨压板略微压紧在导轨架上，待校正后再加以固定。

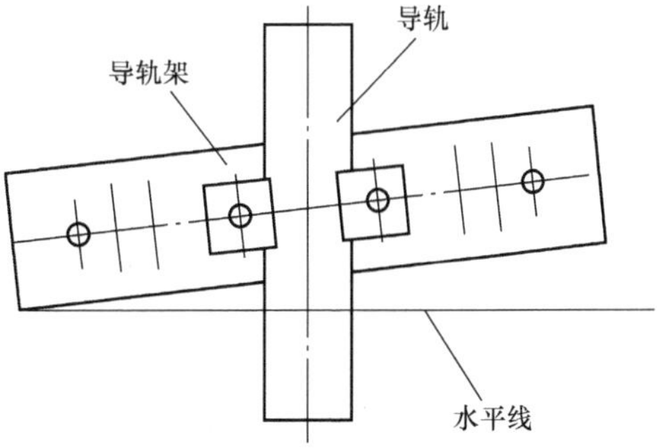

图 1-7　导轨架的水平度

4.2.2　导轨的校正

如图 1-8 所示，分别距各列导轨侧工作面 50mm 及 250mm 处，从样板架上垂下样线，准确地固定在底坑样板架上。依据此样线，用 300mm 钢直尺自上而下地校正导轨间距和两列导轨的平行度。在校正导轨时，逐个拧紧导轨连接板上的螺栓，并检查导轨接口的状态。

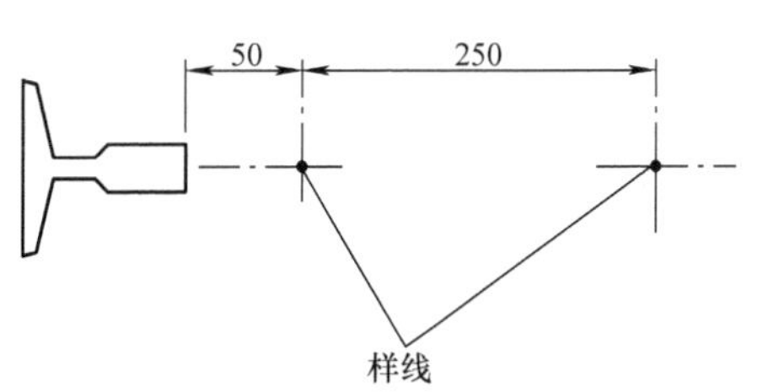

图 1-8　轿厢导轨校正示意图

4.2.3　导轨及导轨接头的技术要求

4.2.3.1　校正基准线

校正基准线距导轨顶面 33mm，其误差应小于 0.5mm。

4.2.3.2　导轨的位置要求

两导轨的工作面应保持平行，平行度误差应小于或等于 0.3mm。

4.2.3.3　两导轨间的距离偏差

两列导轨顶面之间的距离 L（见图 1-9）的偏差应符合规定，见表 1-2。

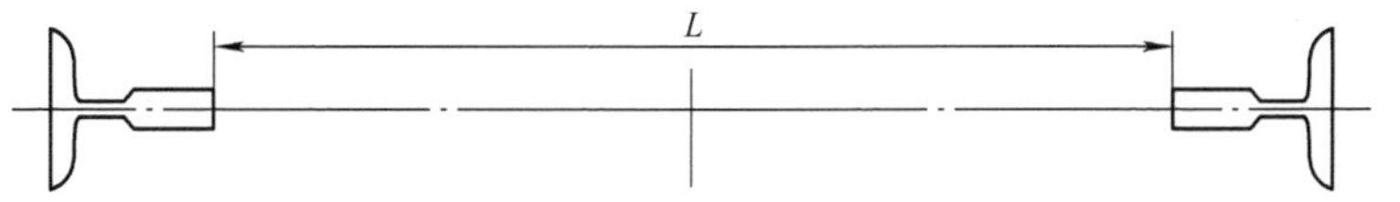

图 1-9　两导轨顶面之间的距离

4.2.3.4　导轨接头技术要求

导轨接头处的台阶高度不应大于 0.05mm，可用 300mm 钢直尺靠在导轨表面用塞尺检查，如图1-10所示。

表1-2　两导轨顶面间的距离偏差

导轨用途	轿厢导轨	对重导轨
距离偏差/mm	≤2	≤3

4.2.3.5　导轨接头修光要求

导轨接头处的台阶应按规定的长度修光。导轨接头处修光长度 B 为133～200mm，如图1-11所示。

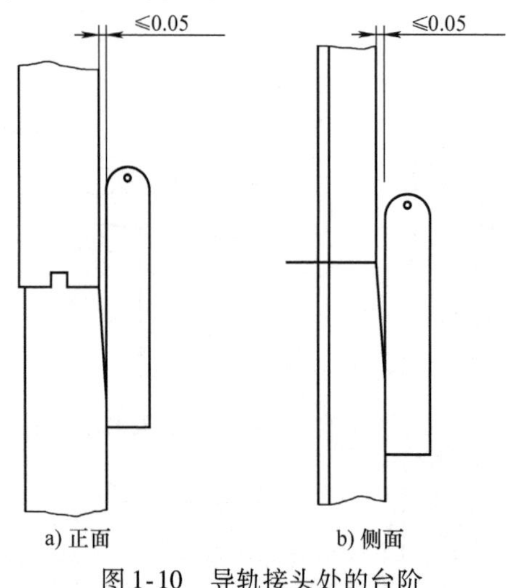

a) 正面　b) 侧面

图1-10　导轨接头处的台阶

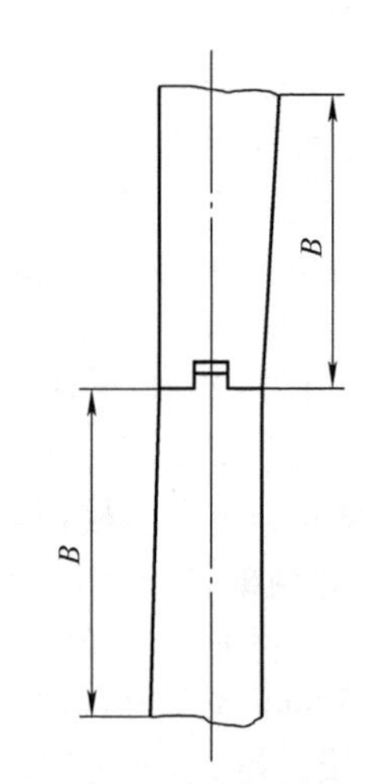

图1-11　修光导轨接头处

5　曳引机的安装和调整

5.1　无齿轮曳引机及悬挂系统的安装

5.1.1　确认中心位置

确认机房楼板预留的曳引绳孔中心与井道样板架上的轿顶轮轮缘中心和对重轮轮缘中心是否重合，若不重合应修正。另外，该孔尺寸应为200mm×200mm，以保证曳引绳与孔边的距离不小于20mm。

5.1.2　混凝土基础要求

搁机梁两端应架设在井道承重圈梁上，在该位置浇筑高600mm的混凝土基础。对该基础的要求是：

1）按电梯土建总体布置图确定混凝土基础的位置和长度。

2）该基础必须完全置于井道承重圈梁上。

3）两基础的高度差（水平差）应不大于5mm。

4）基础应浇筑密实。

5.1.3　搁机梁架设时的注意事项

1）搁机梁中心线与轿厢 Y 向中心线应平行。

2）搁机梁架设时，两端应垫 10# 槽钢，搁机梁两端深入基础内的长度≥75mm，且超过基础中心线 20mm 以上，如图 1-12 所示。

3）两条搁机梁的平行度误差应小于 6mm，水平度误差应小于 1mm/1000mm。

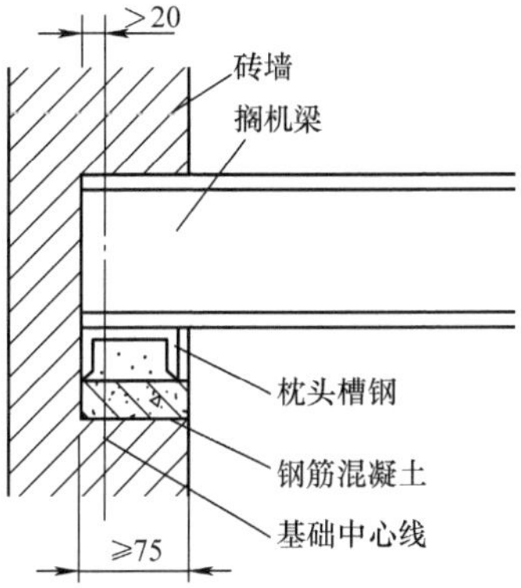

图 1-12　架设搁机梁

5.1.4　搁机要求

把曳引机机架安放在搁机梁上，曳引机机架的孔与搁机梁上的孔应对齐，各孔穿入紧固螺栓。

5.1.5　曳引机的位置

将曳引机通过机房顶部的吊钩用 2t 的手拉葫芦吊起置于机架上，如图 1-13 所示。

1）曳引机顶面吊环螺钉只承受曳引机本身重量，不允许悬吊额外载重。

2）曳引机底座应保持水平，起吊时不准碰撞，防止损坏曳引机。

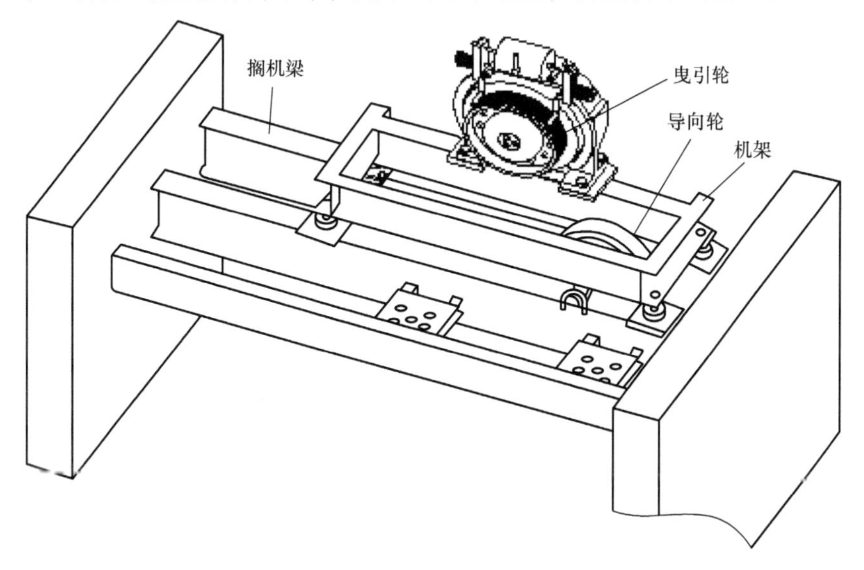

图 1-13　曳引机的位置

5.1.6　曳引机放置要求

把曳引机安放在曳引机机架上，曳引机机座的孔与机架上的孔应对齐，各孔穿入 M24 紧固螺栓（螺栓的强度等级为 12.9，拧紧力矩为 880N · m，待曳引机调整完毕时拧紧)。按照样板架调整好曳引机的水平安装位置。

5.1.7 安装导向轮

曳引机安放固定好后，安装导向轮。按照样板架调整好导向轮的位置，用两组U形螺栓加以固定，导向轮与曳引轮的轮缘中线的位置偏差应小于0.5mm，如图1-14所示。

5.1.8 曳引机的校正

1）校正曳引轮的垂直度。在曳引轮的内侧（靠近齿轮箱的一侧）置一条样线，要求上沿与下沿的垂向位置偏差小于0.5mm，如图1-15所示。若超差，可用垫片加以调整。

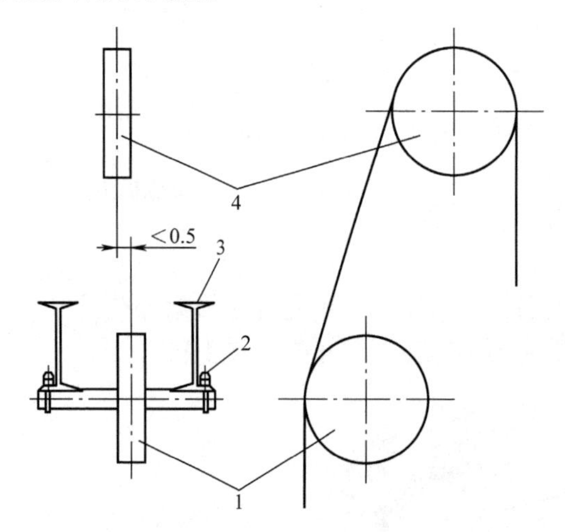

图1-14 导向轮的安装

1—导向轮 2—U形螺栓 3—承重梁 4—曳引轮

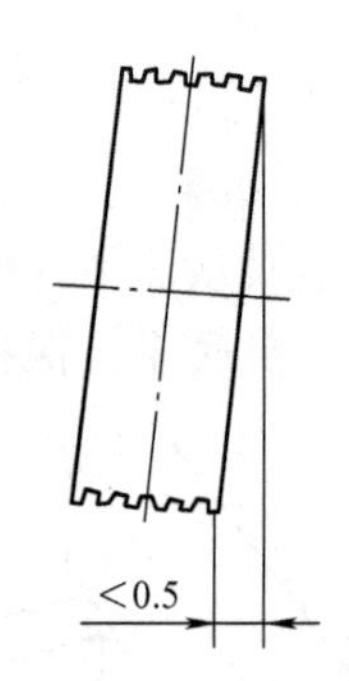

图1-15 无减振垫曳引机曳引轮的安装

2）在曳引轮轮缘的中心置一条铅垂线，该样线必须与曳引轮轮缘中线和节径的交点重合。将该样线延伸至样板架上的轿顶轮轮缘中心，与轿顶轮轮缘中线的相对位置误差应小于1mm。

3）曳引轮轮缘中线与对重轮轮缘中线的相对误差应小于1mm。

4）在确认校正到位后，紧固所有紧固件并再一次复查，确认无误后，再用混凝土浇筑密实。在浇筑混凝土前，部分点焊，工字钢与槽钢的焊接长度为20～30mm，要求无虚焊并清除焊渣。

5.1.9 安装防震挡块

在曳引机机架的导向轮侧安装防震挡块，以防止曳引机后移，如图1-16所示。

5.1.10 安装防跳绳架

曳引机配有防跳绳架。安装好曳引绳后，调整防跳绳架，使曳引绳和防跳绳架的间距不超过1.5mm。

5.1.11 试运行

检查曳引机是否已经加好了润滑油，在工作3300h以后要求重新润滑主轴承。

通电试机时一定要接入变频器。

弹簧制动器出厂时已经调整好，在铭牌上可以看到预调整力矩。试机前要检查电动机和制动器的功能。

5.1.12 贴好标志

完成上述安装校正后，在电动机尾轴端的机壳上及曳引轮轮缘处贴上轿厢可运行标志。

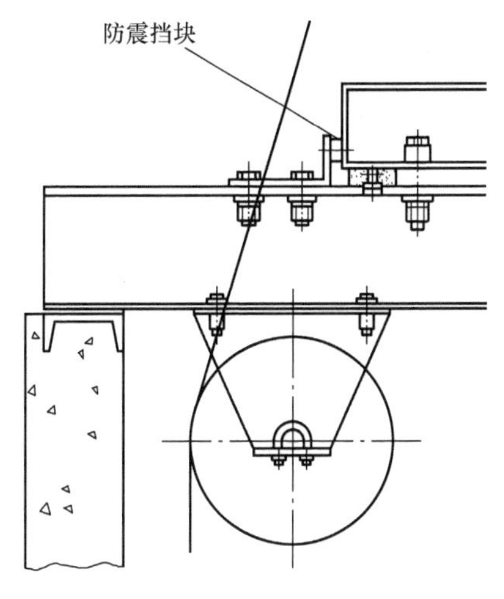

图1-16 安装防震挡块

5.2 有齿轮曳引机及悬挂系统的安装

参照电梯土建总体布置图和随机文件。

5.2.1 确认中心位置

确认机房楼板预留的曳引绳孔中心与井道样板架上的轿厢中心和对重中心是否重合，若不重合应修正。该孔尺寸应为200mm×200mm，以保证曳引绳与孔边的距离不小于20mm。

5.2.2 混凝土基础要求

搁机梁两端应架设在井道承重圈梁上，在该位置浇筑高600mm的混凝土基础。对该基础的要求是：

1）以轿厢中心和对重中心的延长线为基准，按电梯土建总体布置图确定混凝土基础的位置和长度。

2）该基础必须完全置于井道承重圈梁上。

3）两基础的高度差（水平差）应不大于5mm。

4）基础应浇筑密实。

5.2.3 搁机梁架设时的注意事项

1）搁机梁中心线与轿厢中心的延长线和对重中心的延长线应保持平行。

2）搁机梁架设时，两端应垫10#槽钢，搁机梁两端深入基础内的长度要大于75mm，且超过基础中心线20mm以上，如图1-12所示。

3）两条搁机梁的平行度误差应小于6mm，水平度小于1mm/1000mm。

4）搁机梁上所有孔位均是有效的，不允许在现场不经批准随意改动孔位。

5.2.4 曳引机的位置

将曳引机用2t的手拉葫芦吊起置于搁机梁上的机架上。

5.2.5 起吊时的注意事项

1）曳引机的起吊点应设在机座上的圆孔内，起吊中心应与曳引机中心重合，曳引机底座应保持水平。

2）起吊时不准发生碰撞，以防止损坏曳引机。

5.2.6 隔音垫布置方式

搁机梁与机组底座之间应衬专用隔音垫，并采用专用件固定。隔音垫布置方式如图1-17所示，图中A、B、C、D为隔音垫。

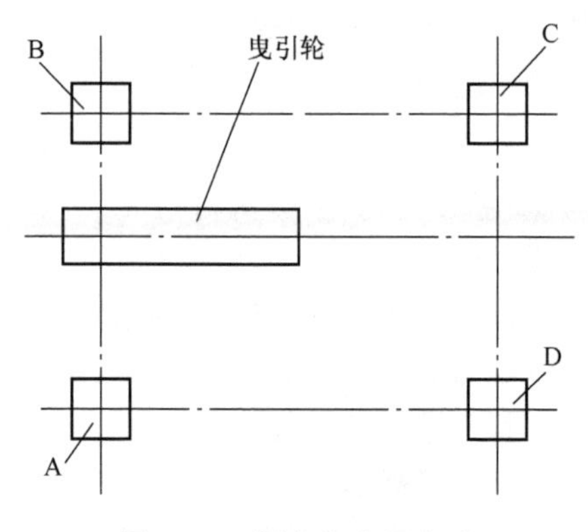

图1-17 隔音垫布置方式

5.2.7 导向装置的安装

在搁机梁底部规定的位置安装导向装置。该装置中导向轮座的大接触面端与搁机梁相连。注意：导向轮轴是坐在导向轮座上的，而不是吊于导向轮座上的。也就是导向轮轴的刨平面放在导向轮座小接触面的内平面上，U形螺栓由上往下穿于孔内，如图1-18所示。

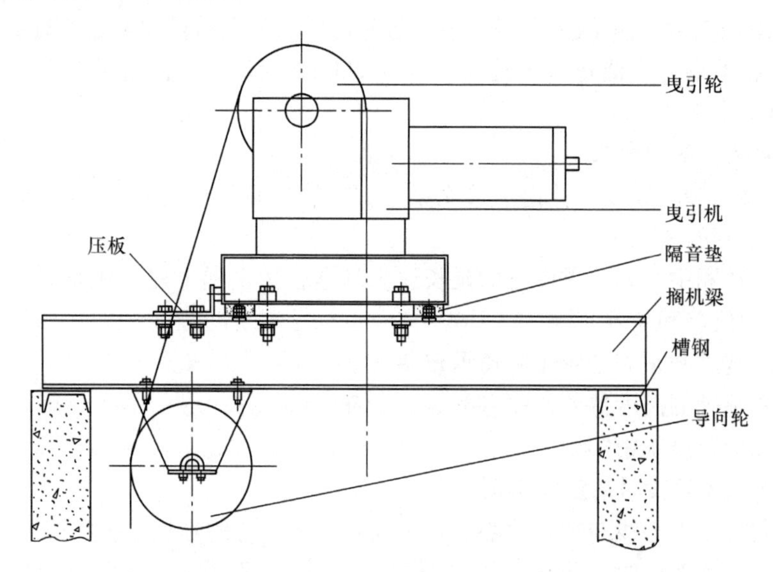

图1-18 曳引机的放置方式（客梯）

5.2.8 曳引机的校正

所有校正用垫片只允许放在搁机梁与槽钢之间。在校正前，所有附件都应安装到位。

1）校正曳引轮的垂直度。在曳引轮的内侧（靠近齿轮箱的一侧）置一条铅垂线，要求上沿与下沿的垂向位置偏差小于 0.5mm（在曳引机无任何负载的条件下），超差时可用垫片调整。导向轮的垂直度与曳引轮的相同，但偏差方向必须一致。其校正方式是用垫片在轮轴刨平面与轮座内平面之间进行调整。

2）曳引轮与导向轮的平行度误差应小于 1mm，可以通过左右移动搁机梁和移动导向轮座或导向轮轴来校正。

3）在曳引轮的中心置一条铅垂线。该铅垂线必须与曳引轮中心和节径交点重合。将该铅垂线延伸至样板架上的轿厢中心，与轿厢中心的相对位置误差应小于 1mm。

4）导向轮中心与对重中心的校正方法及要求同曳引轮与轿厢中心的校正方法。

5）在确认校正到位后，紧固所有紧固件并再一次复查，确认无误后，再用混凝土浇筑密实。在浇筑混凝土前，部分点焊，工字钢与槽钢的焊接长度为20～30mm，要求无虚焊，并清除焊渣。

5.2.9　贴好标志

完成上述安装校正后，在电动机尾轴端的机壳上及曳引轮轮缘处贴上轿厢可运行标志。

5.2.10　润滑

曳引机出厂时已经加好润滑油。

曳引机用油：向减速器内注入润滑油或电梯专用油至油标中心线（≈13.5L）。电动机和蜗轮轴轴承部位用润滑脂枪加入润滑脂。

5.3　无减振垫曳引机的安装

无减振垫曳引机一般用于货梯。货梯一般不设导向轮，其安装方法可参考 5.2 节的有关步骤，放置方式如图 1-19 所示。

图 1-19　无减振垫曳引机的放置方式（货梯）

6　限速器的安装

限速器在出厂时均已经过严格的检验和试验，安装时不准做随意调整及变动，以免影响限速器的动作速度。安装限速器前应认真核对标牌，查验限速器的动作速度是否与电梯速度相符，查验铅封是否完好，检查限速器开关动作是否可靠。

6.1　限速器安装前的注意事项

限速器安装前应检查限速器动作方向是否与轿厢下行方向一致。根据电梯土建总体布置图要求，将限速器安装在机房楼板上。限速器的安装示意图如图1-20所示。

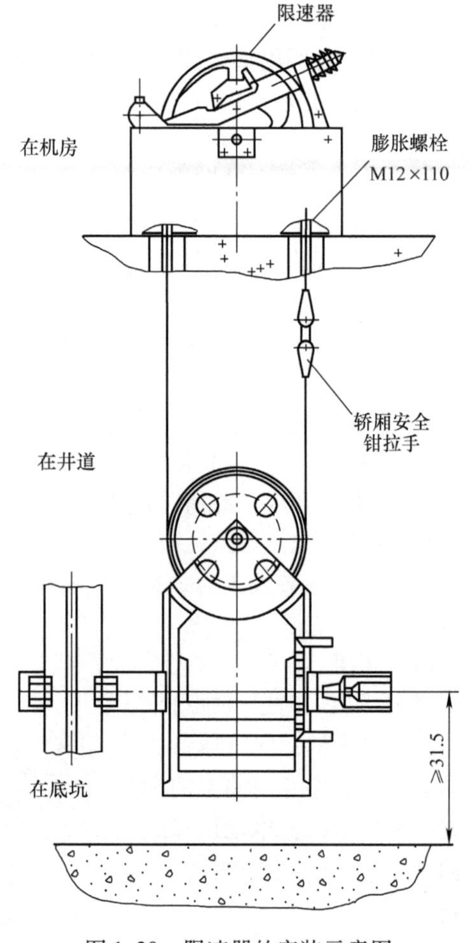

图1-20　限速器的安装示意图

6.2　安装限速器

从限速器绳轮节径处悬下一条铅垂线，使其通过机房楼板上的限速器绳预留孔至轿厢架上安全钳的拉杆中心点，再与底坑张紧装置的轮槽对准，以此来确定限速器的正确安装位置，并将限速器安装牢固。

限速器的安装应符合以下要求：

1）绳轮的垂直度误差不大于0.5mm。

2）限速器钢丝绳在电梯正常运行时不得触及安全钳，不得与轿厢相碰。

3）张紧装置的绳轮必须能够灵活转动，断绳开关应动作可靠。

7　轿厢架、安全钳及导靴的安装

7.1　放置安装轿厢架用的梁

轿厢架、轿厢一般在最高层的井道内安装，在轿厢架进入井道前应拆除最高层的脚手架。在正对厅门口的井道壁上，平行地凿两个与厅门口宽度一致的尺寸为233mm×233mm的孔洞，分别将两根截面尺寸不小于200mm×200mm的方木或金属梁的一端插入井道壁内，另一端架于楼板上，校正两根横梁的平行度和水平度后将两端加以固定，如图1-21所示。

7.2　轿厢架的安装

将下梁平放于顶层井道内的支承横梁上（见图 1-22），校正下梁上平面的水平度，不应超过 2mm/1000mm。

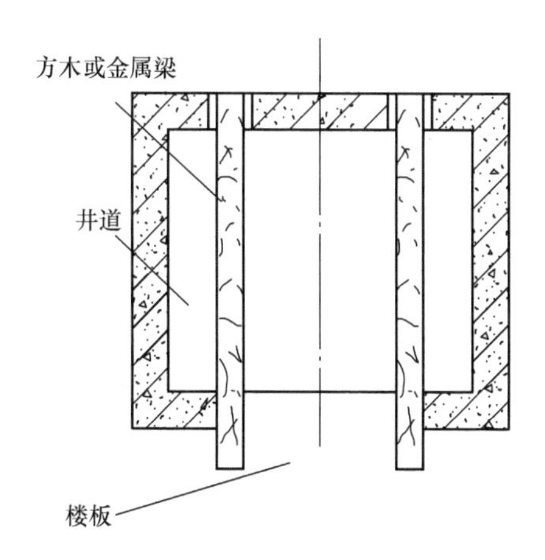

图 1-21　方木或金属梁的安装

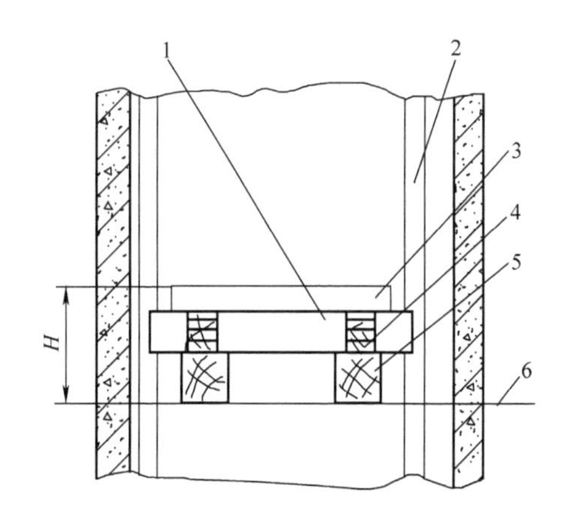

图 1-22　下梁的安装

1—下梁　2—轿厢导轨　3—轿厢底盘
4—垫木　5—支承横梁　6—顶层楼板

7.3　安装安全钳

7.3.1　检验铭牌

查验安全钳铭牌上所标的导轨宽度、允许质量等项目是否与所装电梯相符。

7.3.2　查验铅封

查验安全钳上各铅封是否完整无损。安全钳在出厂时已调整好，不要随意变动。

7.3.3　安装

安放下梁时，对于渐进式安全钳，应保证两楔块与导轨两侧面间的间隙均为 3mm，如图 1-23 所示。

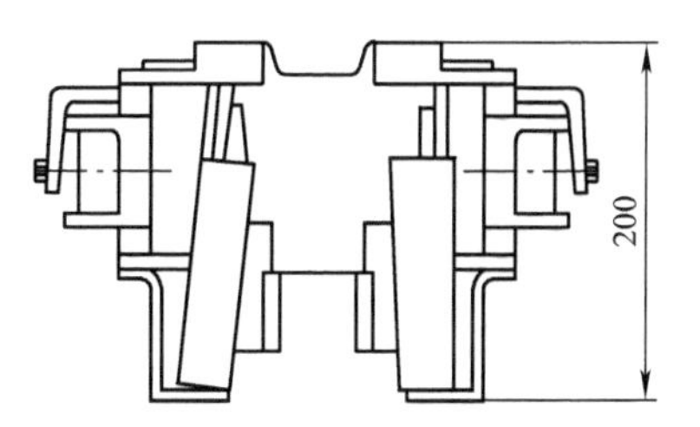

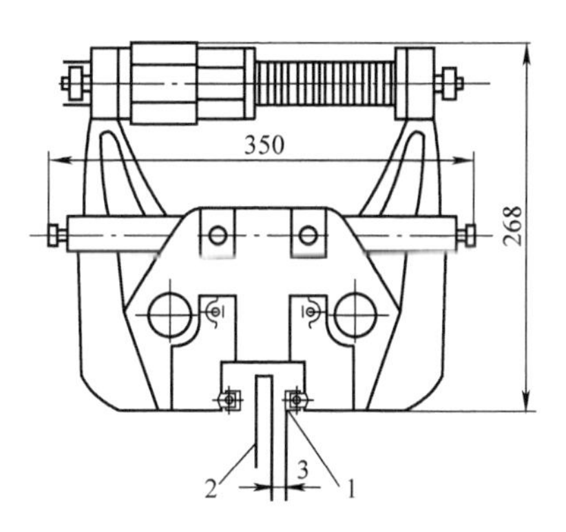

图 1-23　渐进式安全钳

1—安全钳楔块　2—导轨

7.4　稳固下梁

使导轨两侧面与安全钳两楔块间的间隙一致后，将下梁稳固以防止其移动。将两侧立柱与下梁连接牢固，立柱整个高度上的垂直度误差不应超过1.5mm。

7.5 紧固连接件

用手拉葫芦将上梁吊起，与两侧立柱连接。检查轿厢架的对角线，对角线的误差应小于2mm。最后紧固轿厢架的所有连接件。

7.6 安装轿厢导靴

7.6.1 安装时的注意事项

安装时，严格要求轿厢架和对重架的上、下四个导靴位于同一垂直平面上，以免轿厢架歪斜。

7.6.2 调整导靴间隙

货梯使用弹簧式滑动导靴，导靴间隙 a 应为3mm，如图1-24a所示。

客梯使用滑动导靴，要求滑动导靴与导轨端面间的间隙一致，如图1-24b所示。校正导靴位置时应这样确认：当导靴一侧的靴衬与导轨的间隙为0mm时，导靴另一侧的靴衬与导轨的间隙应为0.5～1mm。

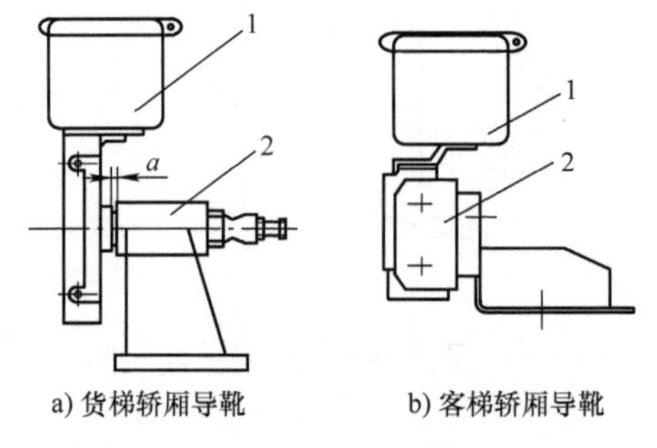

图1-24 滑动导靴

1—导轨润滑油箱 2—滑动导轨

7.7 安装安全钳提拉机构

在组装完上梁后，将装在上梁上的安全钳的各拉杆装好、紧固。将安全钳开关装好后，调整两侧的对称性，使之动作一致；安全钳开关动作应可靠，其在安全钳动作瞬间应立即断开控制回路。然后，将带动楔块的拉杆旋入楔块，至拧紧为止。最后，再做一遍检查和调整。

7.8 安装限位开关撞弓

将限位开关撞弓装在立柱上，其垂直度不应超过2/1000。

8 轿厢的安装和调整

8.1 安装轿厢底

8.1.1 调整位置

将轿厢底放在轿厢架下梁上，按要求调整好前后、左右位置，然后将其与轿厢架下梁连接。

8.1.2　调整轿厢底上平面的水平度

调整轿厢底侧拉条，使轿厢底盘上平面的水平度不超过 2mm/1000mm。

8.2　安装轿厢

8.2.1　安装轿厢顶

将组装好的轿厢顶用手拉葫芦悬挂在轿厢架上梁下面。

8.2.2　连接四周

将轿厢壁与轿厢底、轿厢顶用螺栓连接牢固。

8.2.3　连接轿厢壁

放下轿厢顶，将其与轿厢壁连接牢固。

8.2.4　安装轿厢顶卡板

安装轿厢顶卡板并校正所有轿厢壁的垂直度，不应超过 2mm/1000mm，然后紧固所有螺栓。

8.3　安装轿厢顶防护栏杆

将轿厢顶防护栏杆装在靠对重的一侧，分别与轿厢架立柱以及轿厢顶连接。

8.4　安装轿厢内部件

轿厢内部件有扶手、照明灯、吊顶、操纵盘等，扶手安装高度自轿厢地面向上 0.9m。

9　对重架的安装

9.1　安装方法

9.1.1　安装位置要求

距底坑地面 5 ~ 6m 高处，在对重导轨的中心牢固地安装一个用以起吊对重的手拉葫芦。

9.1.2　安装要求

根据越程尺寸 S_2（见图 1-25）的要求，将对重架悬至适当的高度，在其底部用木楞垫稳后安装导靴，有反绳轮的也应同时将反绳轮装好。

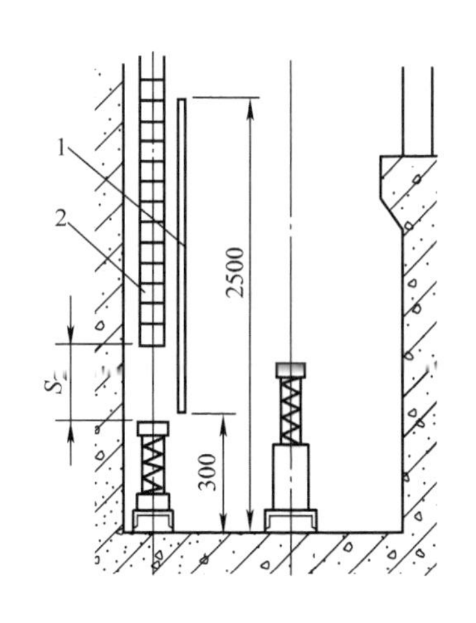

图 1-25　底坑护栏的安装

1—底坑护栏　2—对重

9.1.3 安装对重块

将对重块加装到对重架上并紧固。

9.2 底坑护栏的安装

将底坑护栏安装在对重导轨支架上，底坑护栏的底部距地面应为300mm，顶部距地面应为2500mm，如图1-25所示。

10 缓冲器的安装

缓冲器有两种类型：弹簧缓冲器（蓄能型缓冲器），仅适用于速度小于或等于1m/s的电梯；液压缓冲器（耗能型缓冲器，见图1-26），适用于各种速度的电梯。液压缓冲器的规格见表1-3。

表1-3 液压缓冲器的规格

规格	额定速度/(m/s)	自由高度/mm	行程/mm	液压油用量
HYF65	0.63	329	65	0.4L
HYF80	1.0	313	80	0.33L
YH1/175	1.6	600	175	2.1kg
HY2/206	1.75	612	206	2.7kg

10.1 安装程序

10.1.1 缓冲器安装前的工作

缓冲器安装的数量、位置应与电梯土建总体布置图相符。

根据轿厢在底层的平层位置和缓冲器的高度（见图1-27），设置缓冲器安装座。利用土建施工预留的缓冲器钢筋浇制混凝土缓冲器座，同时预埋好安装缓冲器用的地脚螺栓，如图1-28所示。

10.1.2 安装缓冲器

安装缓冲器时，用水平仪和铅垂线（若有必要，可使用垫片）调节缓冲器。

10.1.3 加注润滑油

加注润滑油时，用螺钉旋具取下柱塞盖，将油位指示器打开，以便空气外逸，然后将润滑油加至油位指示器上的符号位置。

10.2 缓冲器的安装要求

10.2.1 检查缓冲器

缓冲器压缩时，必须缓慢而均匀地向下移动。检查缓冲器的行程、柱塞的复位情况和开关的功能。在开关每次动作后只有由人工手动复位，电梯才能运行。

10.2.2 偏差要求

轿厢底部撞板中心以及对重撞板中心与缓冲器中心的偏差均不应大

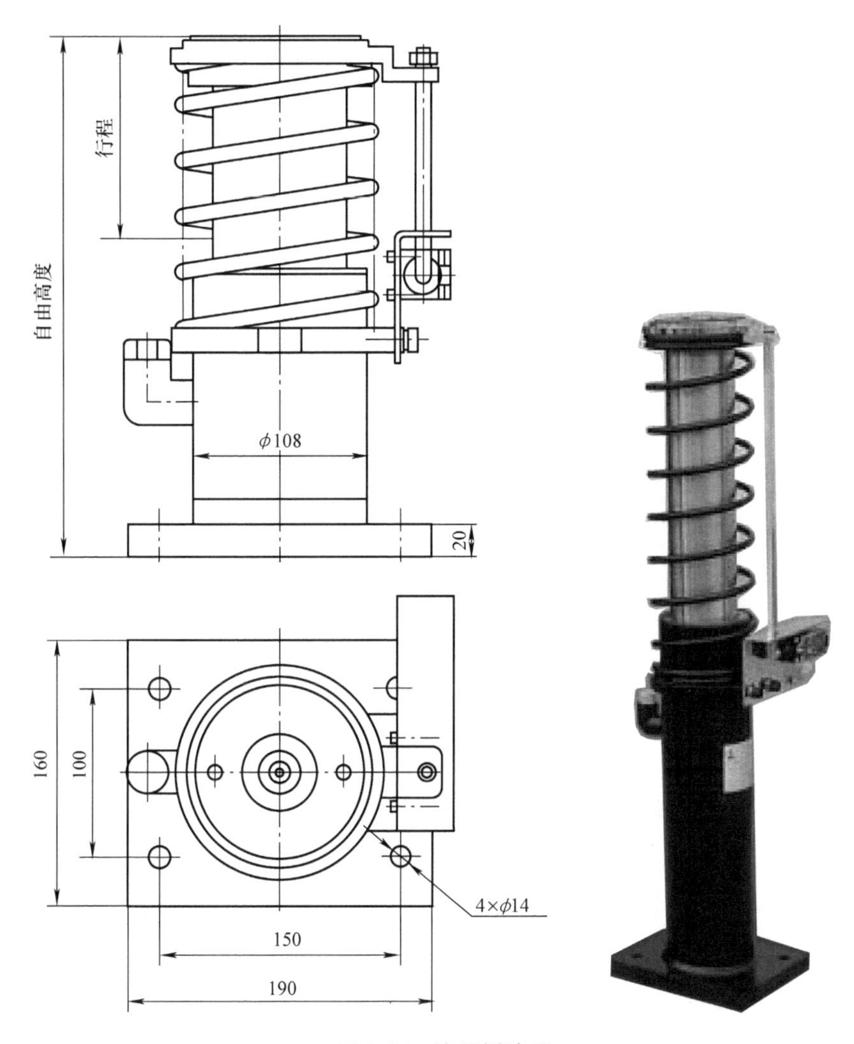

图 1-26　液压缓冲器

于 20mm。

10.2.3　垂直度要求

液压缓冲器柱塞垂直度误差不应超过 0.5mm。

10.2.4　顶部高度要求

同一基础上的两个缓冲器的顶部高度差不应大于 1mm。

10.2.5　越程规定

轿厢下梁至缓冲器的越程 S_1 和对重撞板至缓冲器的越程 S_2 应符合表 1-4 的规定。

10.2.6　水平度要求

安装弹簧缓冲器时，其顶面的水平度不应超过 4mm/1000mm。

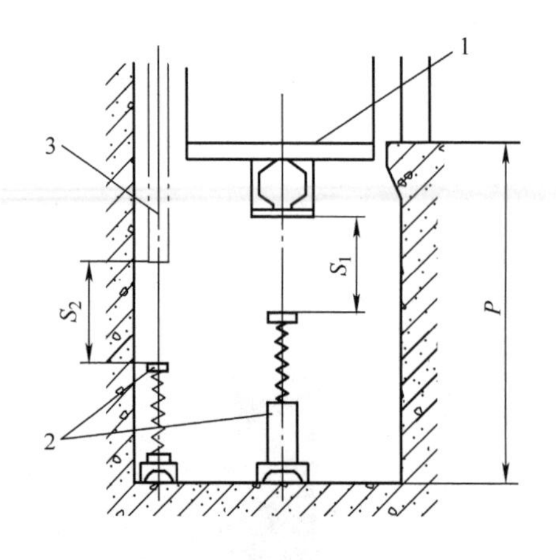

图 1-27　缓冲器的高度

1—轿厢架　2—缓冲器　3—对重架

注：底坑深度 P 应与电梯土建总体布置图相符。

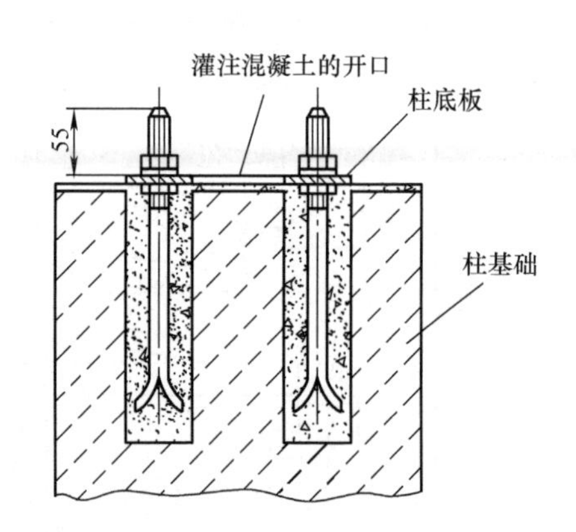

图 1-28　预埋好地脚螺栓

表 1-4　轿厢、对重的越程

电梯额定速度/(m/s)	缓冲器类型	越程 S_1、S_2/mm
≤1.0	弹簧	200～333
≤2.5	液压	133～400

11　悬挂装置的安装

11.1　钢丝绳的展开

展开钢丝绳时，必须按照图 1-29 所示的要求，一边维持钢丝绳绕圈的形状，一边接连不断地放出钢丝绳。

展开钢丝绳时要注意地面清洁，不要使钢丝绳打折或扭曲。

11.2　钢丝绳的截取

钢丝绳的长度 L，按轿厢处于顶层平层位置，对重位于距底坑上的缓冲器 S_2（越程）处来确定，并根据曳引方式、曳引比（有无导向轮、复绕轮、反绳轮）及用于制作绳头的余量来计算；也可按上述要求，用细铁丝作实际测量来截取（当楼层较高时，应考虑钢丝绳的拉伸，一般伸长率以 0.5% 计）。

11.3　楔型绳头的安装

11.3.1　扎紧钢丝绳

为避免截绳时钢丝绳松散，应用细铁丝按图 1-30 所示分两段扎紧后再截断。

11.3.2　将楔块拉入绳头

留出 300mm 长的钢丝绳，按照图 1-31 所示步骤，用钢丝绳环绕楔块后把楔块拉入绳头。

11.3.3　安装完毕

所有钢丝绳安装完毕，让轿厢和对重的重量作用在钢丝绳上。

11.3.4　安装绳卡

将过紧的钢丝绳松开，按图 1-32a 所示的方法松开钢丝绳头，调整钢丝绳长度（见图 1-32b），直到所有的钢丝绳均有相等的张力为止，然后按图 1-32c 所示安装绳卡。

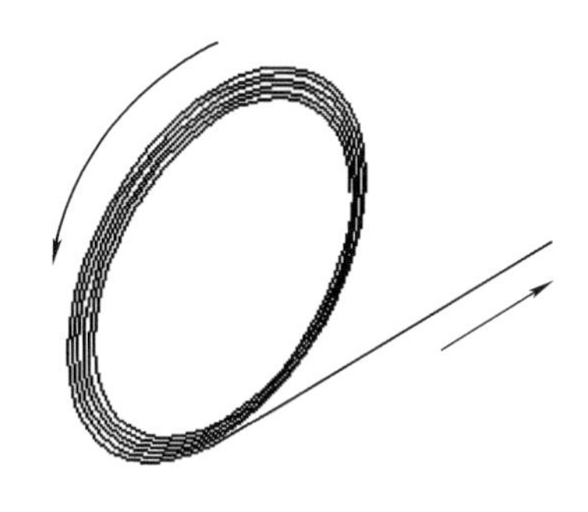

图 1-29　钢丝绳的展开

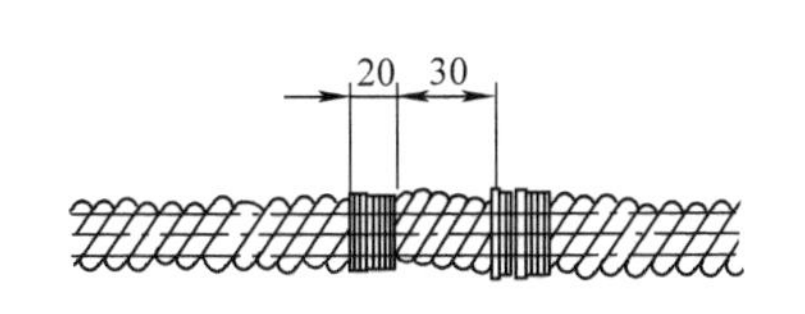

图 1-30　扎紧截绳

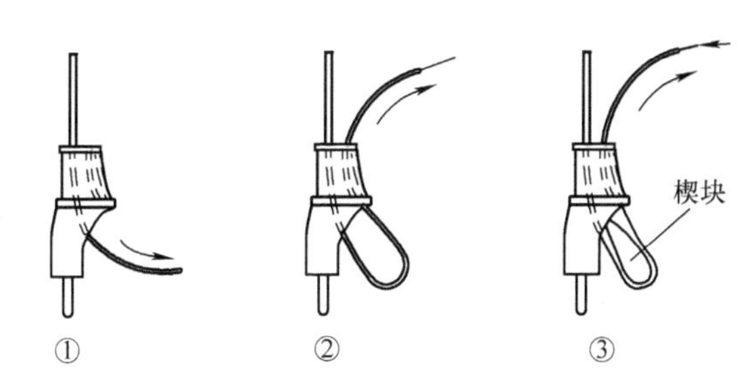

图 1-31　钢丝绳环绕楔块

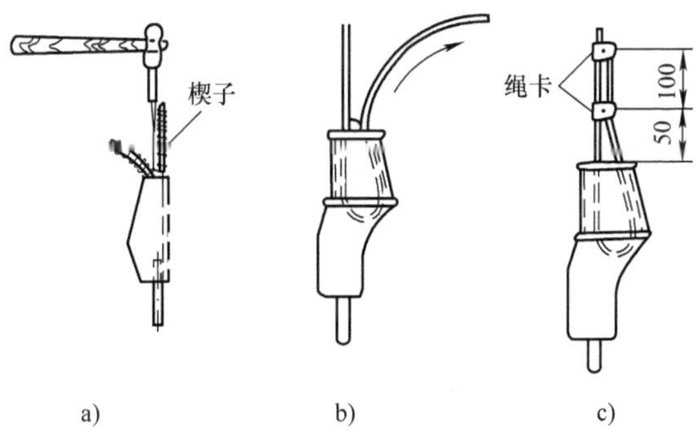

图 1-32　安装绳卡

11.3.5　二次保护的安装

如图1-33所示，将一段钢丝绳穿过各绳头的锥体空间，将钢丝绳的两端用两个绳卡紧固。

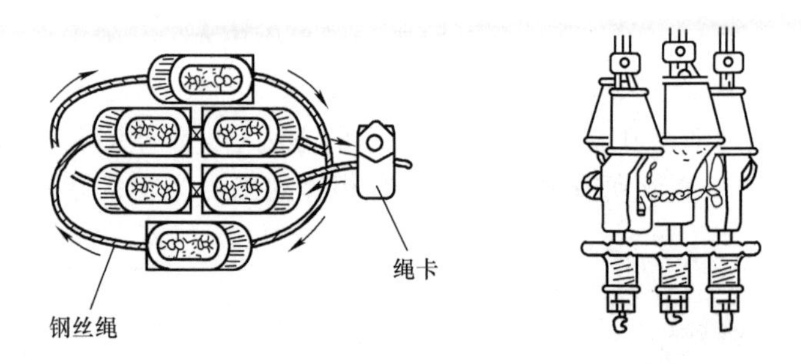

图1-33　二次保护的安装

11.3.6　全面检查和校正

调整绳头组合螺母，使各钢丝绳的张力相近，其相互的差值不应超过5%。

11.4　安装悬挂装置时的注意事项

1）彻底清除钢丝绳表面的沙粒、金属屑等杂物。

2）应先安装轿厢顶部这端，只有在确认轿厢端安装稳妥后，才能将钢丝绳的另一端沿曳引轮槽和导向轮槽滑至对重端安装。

11.5　称量装置的安装

称量装置安装在机房中，其安装位置靠近绳头板的下面，并采用“王”字形智能传感器（见图1-34）或绳头板压敏传感器（见图1-35）。其安装方法详见安装说明书。

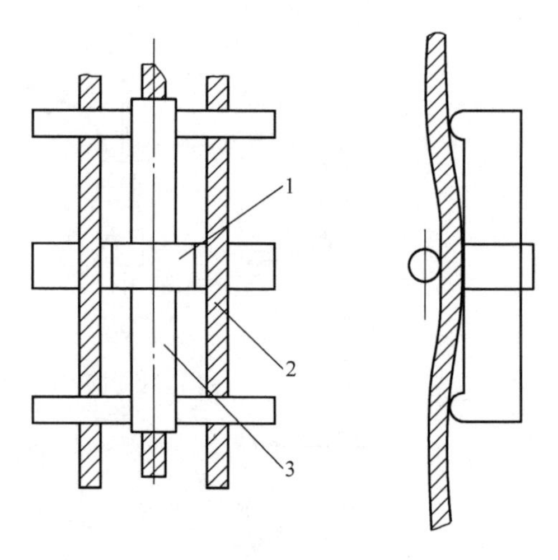

图1-34　称量装置

1—接线盒　2—钢丝绳　3—传感器

图 1-35　绳头板压敏传感器

12　门系统的安装

12.1　门机的安装

根据门机类型，有直梁安装和轿厢、轿顶安装。门机的安装见随机安装说明书。

门导轨的水平度应小于或等于 1mm/1000mm，垂直度（见图 1-36 中 a）应小于或等于 1mm/1000mm。

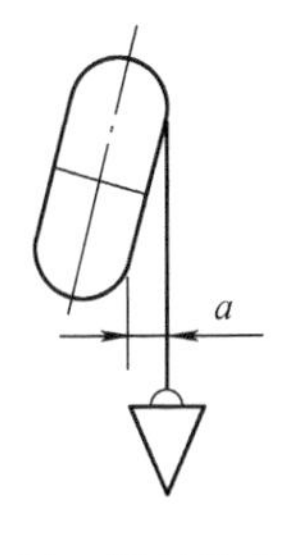

图 1-36　门导轨垂直度

12.2　轿厢门的安装

12.2.1　安装过程

竖立门板，在门板和地坎之间垫上 5mm 厚的垫块。用螺栓将门板与门吊板连接起来，必要时可以加调整垫。调整门板与门吊板的位置，保证轿厢门周边与轿厢的间隙不大于 5mm，如图 1-37 所示。

12.2.2　调整间隙

调整偏心挡轮与轿厢门导轨的间隙，使间隙 $C<0.5\text{mm}$，如图 1-38 所示。将门臂与轿厢门连接为一体。

12.2.3　安装光幕

光幕的安装位置示意图如图 1-39 和图 1-40 所示。

光幕与轿厢门的间隙不应小于5mm，应按照装置的说明书进行调试。其引出线要可靠固定，其投影位置不能超出地坎范围，以免被层门部件钩住。同样，引出线也不应与门机的运行部分相碰。

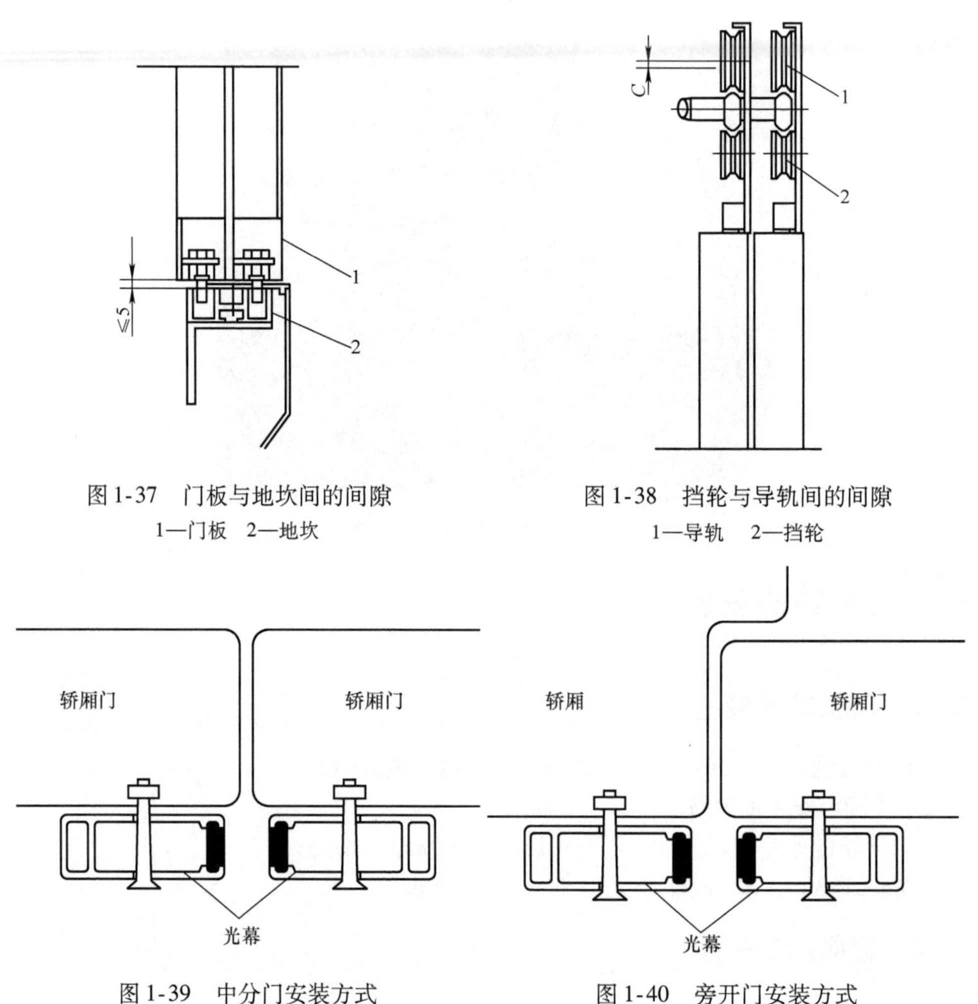

图1-37 门板与地坎间的间隙
1—门板 2—地坎

图1-38 挡轮与导轨间的间隙
1—导轨 2—挡轮

图1-39 中分门安装方式

图1-40 旁开门安装方式

12.2.4 门机与轿厢门系统的调试

调试整个门机、轿厢门系统，使轿厢门的行程为净门距，使轿厢门间的平面度误差小于或等于1mm。

12.3 层门系统的安装

12.3.1 层门地坎的安装

1）刻标记。安装层门地坎前，根据样板架上悬挂的门口铅垂线的宽度 F，

在地坎厚度 a 的平面上，刻上安装和校正地坎用的标记，如图 1-41 所示。

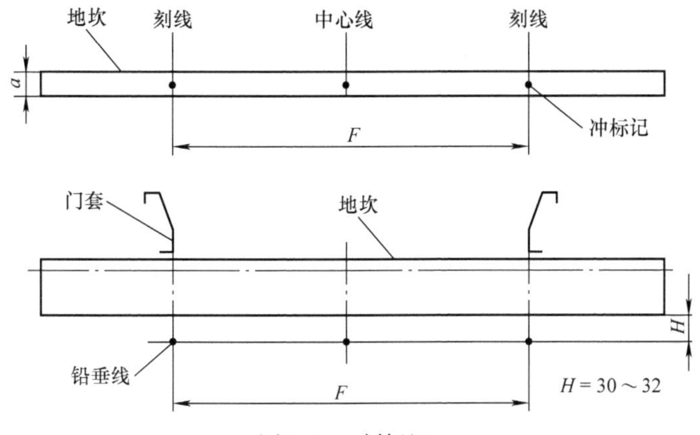

图 1-41　刻标记

2）安装注意事项。安装层门地坎时，应将门套立柱紧固螺栓预先插入地坎立面的凹槽里，并移到门套立柱安装处。

3）安装位置。将地坎、地坎托架、安装支架用螺栓连成一个整体。在墙面安装位置上用冲击钻打出 ϕ22mm 的孔，用 M16 膨胀螺栓将地坎托架组件安装到规定位置，如图 1-42 所示。

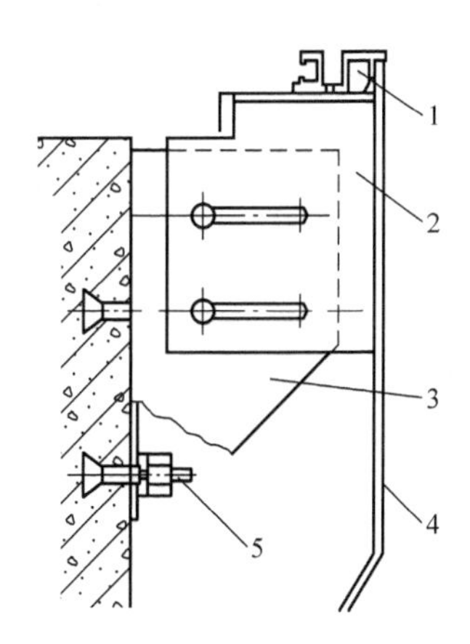

图 1-42　安装位置

1—地坎　2—地坎托架　3—安装支架　4—护脚板　5—膨胀螺栓

4）校正水平度。用水平仪校正地坎的水平度，不应超过 2mm/1000mm。地坎应高出装修后的地面 2～5mm，并抹成过渡斜坡。

5）水平距离要求。各层门地坎至轿厢门地坎水平距离 H 为 30～32mm，如图1-41所示。

12.3.2　层门套的安装

1）整体连接。将层门套立柱与层门套上梁连成一个整体后与地坎相连。

2）垂直度和水平度的校正。校正立柱的垂直度和上梁的水平度，都应小于 1mm/1000mm。符合要求后，将立柱与墙壁固定。

12.3.3　层门装置的安装

1）层门导轨与层门地坎的关系见随机说明书。

2）对中。根据样线使层门导轨部件精确对中，用膨胀螺栓或地脚螺栓将其紧固。层门导轨水平度应不小于 1mm/1000mm。

3）层门导轨安装要求。层门导轨与地坎应平行，在导轨两端和中间三处的偏差均不应超过 ±1mm。

4）层门导轨的垂直度要求。层导轨的垂直度误差不应超过 1/1000。

12.3.4 层门的安装

1）清洁。清洁顶部轨道和层门地坎导槽。

2）安装要求。竖立门板，在其底部垫上厚度为5mm 的垫块，用螺栓将门板和层门吊板固定。调整门板下端与地坎间的间隙（参见图 1-37），应不大于5mm，必要时可以加调整垫。

3）偏心挡轮与导轨间隙的调整。调整吊板架上的偏心挡轮与导轨下端面间的间隙 C（参见图 1-38）不应大于 0.5mm。

4）门扇与门套、门扇与门扇的间隙要求。门扇与门套、门扇与门扇间的间隙均不应超过 6mm。

5）中分式门的安装要求。中分式门的门扇在对口处的平面度误差应小于1mm。门缝的尺寸在整个可见高度上均不应大于 2mm。

6）强迫关门装置的安装要求。当轻微用力扒开门缝时，强迫关门装置应使之闭合。

7）层门安装完毕后用手推拉，应运行平稳。

12.4 门闭合装置的调整

12.4.1 间隙要求

门刀与各层门地坎的间隙，以及各层机械、电气联锁装置的滚轮与轿厢地坎间的间隙见安装说明书（在门机装箱内）。

12.4.2 试运行要求

待电梯安装完试运行时，再核对一次上述间隙，并把各连接部件加以紧固，以免其在电梯正常运行时松动。

12.4.3 门扇关闭后的要求

在门扇全部关闭后，在层门外用手施加 133N 的力作用在最不利的点上，门缝隙不得超过 30mm。

13 电源及照明装置的安装

13.1 机房照明要求

机房照明电源应与电梯电源分开，并应在机房内靠近入口处设置照明开关。

13.2 电梯主开关安装要求

电梯主开关的安装应符合下列规定：

1）设置切断电流主开关。每台电梯均应设置能切断该电梯最大负荷电流的主开关。

2）主开关不应切断以下供电电路：

① 轿厢照明、通风和报警电路。

② 机房、隔层和井道照明电路。

③ 机房、轿厢顶和底坑电源插座电路。

3）主开关设置要求。应能从机房入口处方便、迅速地接近主开关。在同一机房安装多台电梯时，各台电梯主开关的操作机构上应粘贴统一的识别标志。

13.3　轿厢顶照明装置或电源的设置

轿厢顶应装设照明装置，或设置以安全电压供电的电源插座。

13.4　轿厢顶检修用电源插座标志的设置

轿厢顶检修用的 220V 电源插座（2P + PE 型）应设置明显的标志。

13.5　井道照明装置的安装要求

井道照明装置的安装应符合下列规定：

1）电源要求。电源宜由机房照明回路获得，且应在机房内设置具有短路保护功能的开关进行控制。

2）照明灯的安装要求。照明灯应安装在井道壁上并且不影响电梯运行，其间距不应大于 7m。

3）照明灯的安装位置。在井道内距井道最高点 0.5m 以内的位置和距井道最低点 0.5m 以内的位置各装设一盏照明灯。

13.6　电气设备接地要求

电气设备接地应符合下列规定：

1）供电电源要求。选用三相五线制供电电源，零线和接地保护线始终分开。

2）外露可导电部分接地电阻要求。所有电气设备的外露可导电部分均应可靠接地或接零，其接地电阻应小于或等于 4Ω。

3）接地线的要求。接地线应使用黄绿双色铜材绝缘导线，其最小截面积不应小于 $1.5mm^2$。

4）屏蔽线的设置要求。使用 PG 卡时，应先拆掉接到 PG 卡上的屏蔽线，待确定电源为正规三相五线制电源后，再接上屏蔽线。

5）电线槽连接要求。电线槽和电线槽之间必须用接地线连接。

13.7 保护线的设置

电梯轿厢可利用随行电缆的芯线做保护线，并且采用电缆芯线做保护线时不得少于两根。

13.8 计算机控制要求

采用计算机控制的电梯，其“逻辑地”应按产品要求处理。当产品无要求时，可按下列方式之一进行处理：

1）连接位置及要求。将“逻辑地”接到供电系统的保护线（PE 线）上。当供电系统的保护线与中性线合用时（TN－C 系统），应在电梯电源进入机房后将保护线与中性线分开（TN－C－S 系统，见图 1-43），该分离点（A 点）的接地电阻值不应大于 4Ω。

2）应与单独的接地装置连接，该装置的对地电阻值不得大于 4Ω。

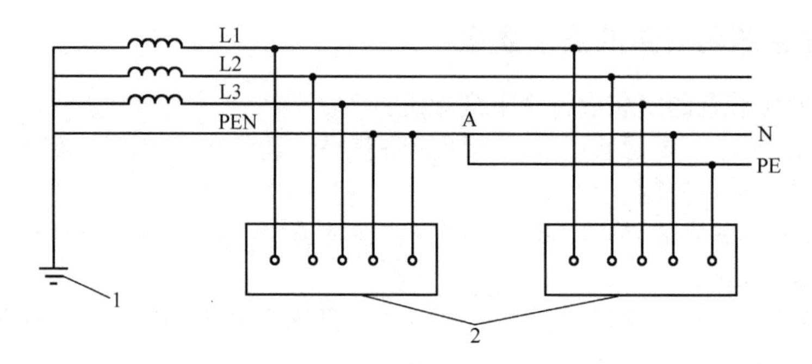

图 1-43　TN－C－S 系统

1—电源接地极　2—外露可导电部分

14 配线

14.1 电梯电气设备的配线

电梯电气设备的配线，应使用额定电压不低于 330V 的铜芯绝缘导线。

14.2 配线保护

机房和井道内的配线应使用电线管或电线槽保护，严禁使用可燃性材料制成的电线管或电线槽。当铁制电线槽沿机房地面敷设时，其壁厚不得小于 1.5mm。不易遭受机械损伤的分支线路可使用软管保护，但长度不应超过 2m。

14.3　轿厢顶配线的设置

轿厢顶配线应走向合理，防护可靠。

14.4　距离要求

电线管、电线槽、电缆架等与轿厢、钢丝绳等的距离，机房内不应小于33mm，井道内不应小于20mm。

14.5　电线管的安装要求

电线管的安装应符合下列规定：

14.5.1　固定点间距要求

电线管应用卡子固定，固定点间距应均匀且不应大于3m。

14.5.2　连接方式

电线管与电线槽连接处应用锁紧螺母锁紧，管口应装设护口。

14.5.3　安装后的要求

电线管安装后应横平竖直，其水平度和垂直度应符合下列要求：

1）机房内不应大于2mm/1000mm。

2）井道内不应大于5mm/1000mm，偏差全长不应大于33mm。

14.5.4　保护层厚度要求

电线管暗敷时，保护层厚度不应小于15mm。

14.6　电线槽的安装

电线槽通过线槽架安装。每根电线槽固定在两根线槽架上，每个线槽架分别距离电线槽一端133mm。用PVC胀管将线槽架固定在井道壁上。电线槽的安装应符合下列规定：

14.6.1　安装固定要求

电线槽应安装牢固，每根电线槽的固定点不应少于两个；并列安装时，应使电线槽盖便于开启。

14.6.2　安装要求

电线槽应安装后应横平竖直，接口严密，槽盖齐全、平整、无翘角；其水平度和垂直度应符合下列要求：

1）机房内不应大于2mm/1000mm。

2）井道内不应大于5mm/1000mm，偏差全长不应大于10mm。

14.6.3　出线口要求

出线口应无毛刺，位置必须正确。

14.7 金属软管安装要求及注意事项

金属软管的安装应符合下列规定：

1）安装要求：金属软管无机械损伤，与箱、盒、设备连接处应使用专用接头。

2）安装注意事项：安装时应使金属软管平直，固定点均匀且间距不应大于1m，端头固定牢固。

14.8 电线管、电线槽安装注意事项

电线管、电线槽均应可靠接地或接零，但电线槽不得做保护线使用。

14.9 接线箱（盒）安装要求

接线箱（盒）的安装应平正、牢固、不变形，其位置应符合设计要求。

14.10 敷设导线时的注意事项

导线（电缆）的敷设应符合下列规定：

1）动力线和控制线设置要求：动力线和控制线应隔离敷设，有抗干扰要求的线路应符合产品要求。

2）配线设置要求：配线应绑扎整齐，并有清晰的接线编号。保护线端子和电压为220V及以上的端子应有明显的标记。

3）接地保护线要求：接地保护线宜采用黄绿双色的绝缘导线。

4）电线槽设置要求：电线槽弯曲部分的导线、电缆受力处，应加绝缘衬垫，垂直部分应可靠固定。

5）导线尺寸要求：敷设于电线管内的导线总截面积不应超过电线管内截面积的40%，敷设于电线槽内的导线总截面积不应超过电线槽内截面积的60%。

6）电线槽配线要求：电线槽配线时，应减少中间接头。中间接头宜采用冷压端子，端子的规格应与导线匹配，且压接可靠、绝缘处理良好。

配线应留有备用线，其长度应与箱、盒内最长的导线相同。

14.11 随行电缆安装要求

随行电缆的安装应符合下列规定：

1）安装前的要求：安装随行电缆前，必须对其进行预先自由悬吊，以消除扭曲。

2）长度要求：随行电缆的敷设长度应在使轿厢缓冲器完全压缩后略有余量，但不得拖地，并且多根并列时，长度应一致。

3）对固定部分的要求：随行电缆两端以及不运动部分应可靠固定。

4）对扁平型随行电缆的要求：扁平型随行电缆可重叠安装，重叠根数不宜超过3根，每两根间应保持30～33mm的活动间距。扁平型电缆的固定应使用楔形插座或卡子，如图1-44所示。

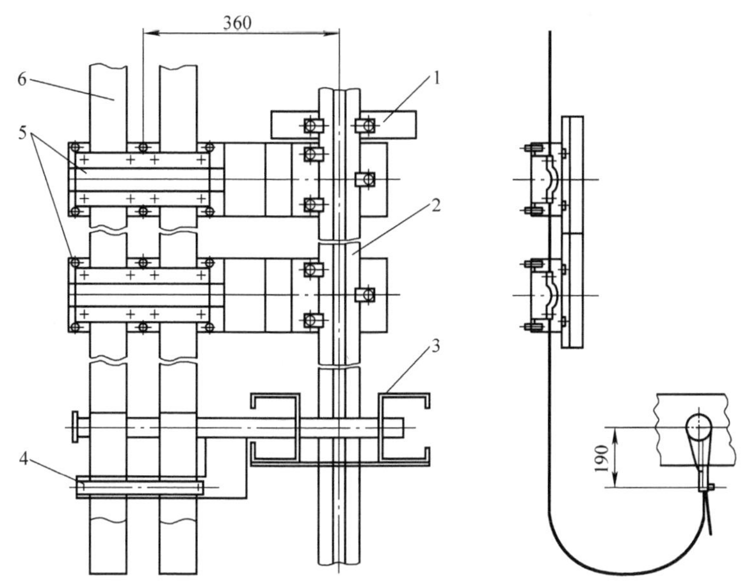

图1-44　扁平型随行电缆的安装

1—导轨支架　2—导轨　3—轿架下梁　4—轿厢底夹具　5—电缆卡子　6—扁平型电缆

14.12　随行电缆防护措施

如果随行电缆在运动中有可能与井道内其他部件挂、碰，则必须采取必要的防护措施。

15　电气设备的安装

15.1　配电柜、控制柜安装要求

配电柜（屏、箱）或控制柜（屏、箱）应布局合理，固定牢固，其垂直度不应大于1.5mm/1000mm。当设计无要求时，其安装位置应符合下列规定：

1）距离要求：配电柜或控制柜应尽量远离门、窗，其与门、窗正面的距离不应小于600mm。配电柜或控制柜的维修侧与墙壁的距离不应小于600mm，其封闭侧不宜小于33mm。

2）宽度要求：如果双面维修的配电柜或控制柜成排安装，那么当宽度超过5m时，两端均应留有出入通道，且通道宽度不应小于600mm。

3）配电柜或控制柜与机械设备的距离要求：配电柜或控制柜与机械设备的距离不应小于330mm。

15.2 旋转编码器安装要求

1）旋转编码器的固定应牢固，旋转编码器轴与主机轴之间的联轴器应连接可靠。

2）旋转编码器与控制柜的连接线必须使用屏蔽电缆，最好直接从旋转编码器引入控制柜。若屏蔽电缆不够长，则加长部分也应采用屏蔽电缆，接头部分需用金属屏蔽纸及胶带包好。两者的屏蔽层必须焊接可靠，并与控制柜中的接地桩头连接。

3）旋转编码器的多余引出线（如Z相）必须用胶带单独包好，不能与屏蔽电缆等接触。

4）无论旋转编码器线是否与动力线一起排布，都必须穿在金属软管中。金属软管进入控制柜的一端必须接地，另一端不接地。若金属软管存在接头，则接头处应连接可靠。

15.3 井道限位（减速）开关的安装

AS380系统的井道中限位开关、减速开关的安装取决于电梯的速度：

1）若梯速不超过1.75m/s，要求井道内安装的限位开关、减速开关如下：上行极限开关、上行单层强迫减速开关，下行极限开关、下行单层强迫减速开关。

2）若梯速为2.0～3.0m/s，要求井道内安装的限位开关、减速开关如下：上行极限开关、上行单层强迫减速开关和上行多层强迫减速开关，下行极限开关、下行单层强迫减速开关和下行多层强迫减速开关。

15.4 平层光电开关的安装

AS380系统中，电梯轿厢的平层控制需要现场安装两只平层光电开关和若干块隔磁板，如图1-45所示。

注意：对不能安装在导轨接头或导轨支架处的光电开关支架，用跨过导轨接头或导轨支撑架的方法安装。

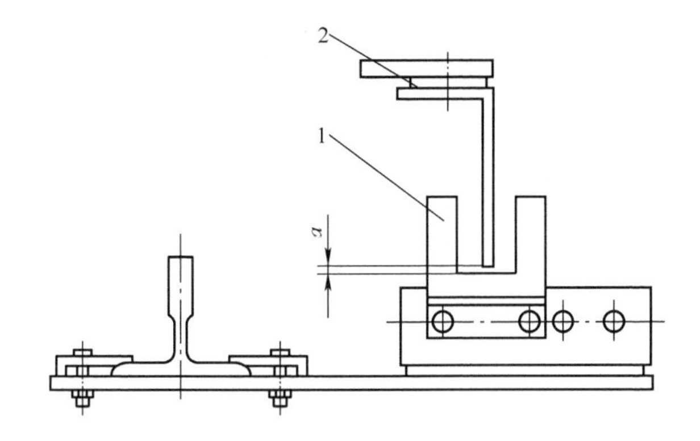

图1-45 光电开关的安装
1—光电开关（安装在轿厢上） 2—隔磁板（安装在井道里，每层一块）

15.5 召唤盒、指示灯盒及开关盒的安装

层门（厅门）召唤盒、指示灯盒及开关盒的安装如下：

15.5.1 盒体安装要求

盒体应平正、牢固、不变形，埋入墙内的盒口不应凸出装饰面。

15.5.2 面板安装要求

面板安装后应与墙面贴实，不得有明显的凹凸变形和歪斜。

将盒中电器零件全部拆出，妥善保管。按电梯土建布置图要求的位置，用水泥浆将盒体平整地与墙埋灌牢固，并将盒边与墙抹平，注意勿使盒体挤压变形。待水泥固化后，测量金属软管长度，截管后穿线并将其与电线槽或接线盒连接，将盒中电器零件装好，按导线标注的线号接线，最后将面板盖上。

15.6 消防电梯安装要求

具有消防功能的电梯，必须在基站或撤离层设置消防开关。消防开关盒宜装于召唤盒的上方，其底部与地面间的距离宜为1.6～1.7m。

15.7 层门闭锁装置安装要求

层门闭锁装置应采用机械、电气联锁装置，其电气触点必须有足够的分断能力，使其能在触点熔接的情况下可靠断开。

层门闭锁装置的安装应符合下列规定：

1）其应固定可靠，驱动机构动作灵活，与轿门的开锁元件有良好的配合。

2）层门关闭后，锁紧元件应可靠锁紧，其最小啮合深度不应小于7mm。

3）当层门锁紧元件的电气触点接通时，层门必须可靠地锁紧在关闭位置。

4）层门闭锁装置安装后，不得有影响安全运行的磨损、变形和断裂现象。

16　安全保护装置的安装

16.1　安全开关安装要求

电梯的各种安全开关必须可靠固定，且不得采用焊接固定。安全开关安装后，不得因电梯正常运行时的碰撞及钢丝绳、钢带、传动带的正常摆动而使安全开关产生位移、损坏和误动作。

与机械装置相配合的各安全开关，在下列情况下应可靠断开，使电梯不能起动或立即停止运行。

1）限速器配重轮下落距离大于33mm。

2）限速器速度接近其动作速度的95%（对于额定速度为1m/s及以下的电梯，限速器速度达到其动作速度）。

3）安全钳拉杆动作。

4）电梯载重量超过额定载重量的10%。

5）任一厅门、轿门未关闭或未锁紧。

6）轿厢安全窗开启。

7）液压缓冲器被压缩。

16.2　电气系统中安全保护装置的检查

应对电气系统中的安全保护装置进行下列检查：

1）对错相、断相、欠电压、过电流、弱磁、超速等安全保护装置的要求：错相、断相、欠电压、过电流、弱磁、超速等安全保护装置应按产品要求检验调整。

2）开、关门接触器和运行方向接触器的检查：开、关门接触器和运行方向接触器的机械或电气联锁装置应动作灵活、可靠。

3）急停按钮、检修按钮、程序转换开关的检查：急停按钮、检修按钮、程序转换开关的动作应灵活、可靠。

16.3　极限、限位、减速开关碰轮和撞弓的安装要求

极限、限位、减速开关碰轮和撞弓的安装应符合下列规定：

1）碰轮的安装要求：碰轮应无扭曲变形，开关动作灵活。

2）撞弓的安装要求：撞弓安装应垂直，垂直度为1/1000，偏差全长不应大于1.5mm。

3）碰轮与撞弓的接触要求：碰轮与撞弓接触后，开关触点应可靠断开，碰轮沿撞弓全长移动不应有卡阻现象，且碰轮应略有压缩余量。

4）强迫减速开关的安装位置要求：强迫减速开关的安装位置应满足产品设计要求。

16.4 限位装置的安装要求

限位装置是防止轿厢在上、下端站越程的安全设施（见图1-46）。当轿厢运行到顶层或底层前，距离平层1.5m（采用绝对值编码器）或者在距离平层为正常减速距离时，在开始换速的同时，轿厢的撞弓接触强迫减速开关，使控制系统控制轿厢开始减速行驶。当轿厢因故在上、下端站越程33～100mm时，轿厢的撞弓接触限位开关使控制系统顺向运行的回路断开，迫使轿厢停止运行。当轿厢因故在上、下端站越程133～200mm时，极限开关与撞弓接触，切断动力电源，使电梯失电停驶。

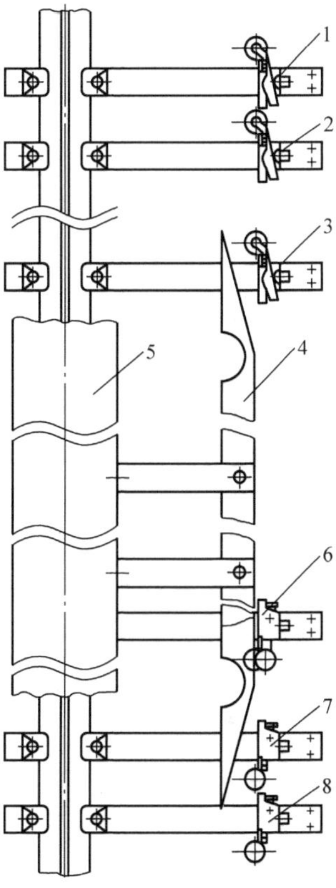

图1-46　限位开关和越程开关

1—上行极限开关　2—上行单层强迫减速开关　3—上行多层强迫减速开关　4—撞弓　5—轿厢架　6—下行多层强迫减速开关　7—下行单层强迫减速开关　8—下行极限开关

16.5 安全触板的安装要求

安全触板安装后应灵活可靠，其动作的碰撞力不应大于5N，光敏及其他形式的防护装置功能必须可靠。

16.6 接地要求

为防止串行通信信号受到干扰，系统对接地提出了相当严格的要求。

16.6.1 机房接地系统要求

机房接地系统必须符合《电梯技术条件》（GB/T 10058—2009）中所列的对接地条件的各项规定，进入机房的接地线必须接到控制柜中有标志的接地桩头上。

16.6.2 机房中的设备接地要求

机房中的设备，如电动机、编码器等，必须可靠接地，接地点为控制柜上有标志的接地桩头。

16.6.3 控制柜中的设备接地要求

控制柜中的设备，如变频器、控制变压器及开关电源等，必须可靠接地，接地点为控制柜上有标志的接地桩头。

16.6.4 轿厢顶设备接地要求

轿厢顶设备，如门机系统、轿厢顶部整体，必须可靠接地，厅外召唤盒也应统一接地，接地点为控制柜上有标志的接地桩头。

17 试机调试

17.1 准备工作

17.1.1 检查与清理

彻底检查和清理所有电气装置、机械装置、电气触头，使其保持清洁、良好。检查清洁各润滑处，加注润滑剂。

17.1.2 相关部件加注工作油

曳引机、导轨、导轨润滑装置、液压缓冲器清洗后应按规定加注工作油。

17.2 电气控制系统保护环节的检查

在顶层将轿厢用可靠的起重设备悬起，在底坑中用木楞将对重垫稳固，将曳引绳从曳引轮上摘下（或在安装后尚未挂曳引绳时进行此项检查工作），对电气控制系统的保护环节进行检查。

17.3 试运行

17.3.1 慢速试运行

慢速试运行时需有丰富经验的安装人员在轿厢顶上，以慢速逐层检查，查看井道内安装的部件有无碰撞现象。然后，使轿厢慢速断续上、下往复运行一次，对下列项目逐层进行检查：

1）轿厢门地坎与各层层门地坎水平距离的偏差，不应超出0~3mm的范围。

2）门刀与各层层门地坎以及各层机械电气联锁装置的滚轮与轿厢门地坎间的间隙，均应为5~10mm。

3）检查井道信息系统双稳态开关与磁铁之间的距离偏差。

4）检查各安全开关，其工作应可靠。

17.3.2 快速试运行

快速试运行时，做好以下检查和调整：

1）调整电梯的平衡系数为33%~40%，一般尽可能取38%。

2）调整电梯运行速度和起动及制动时的加速度。

3）调整轿厢平层准确度。

4）检查并调整各层层门，若有任一层层门开启或未关严，则电梯不能起动运行。检查层门机械电气联锁装置是否可靠，门机安全触板（或光电保护）工作是否正常。

5）检查并调整端站强迫减速装置，使其动作位置、动作响应时间都合适，各装置应动作可靠。

6）检查曳引机绳头组合螺母，使各绳张力相近，相互的差值不应超过5%。

7）在曳引绳上按电梯在每层的平层位置分别使用红漆做标记。

8）检查电气设备的接地、耐压、绝缘是否符合有关规定。

9）检查方向接触器的机械联锁装置是否可靠。

第 2 部分　自动扶梯

1　扶梯的施工进度

扶梯的施工进度如图 2-1 所示。

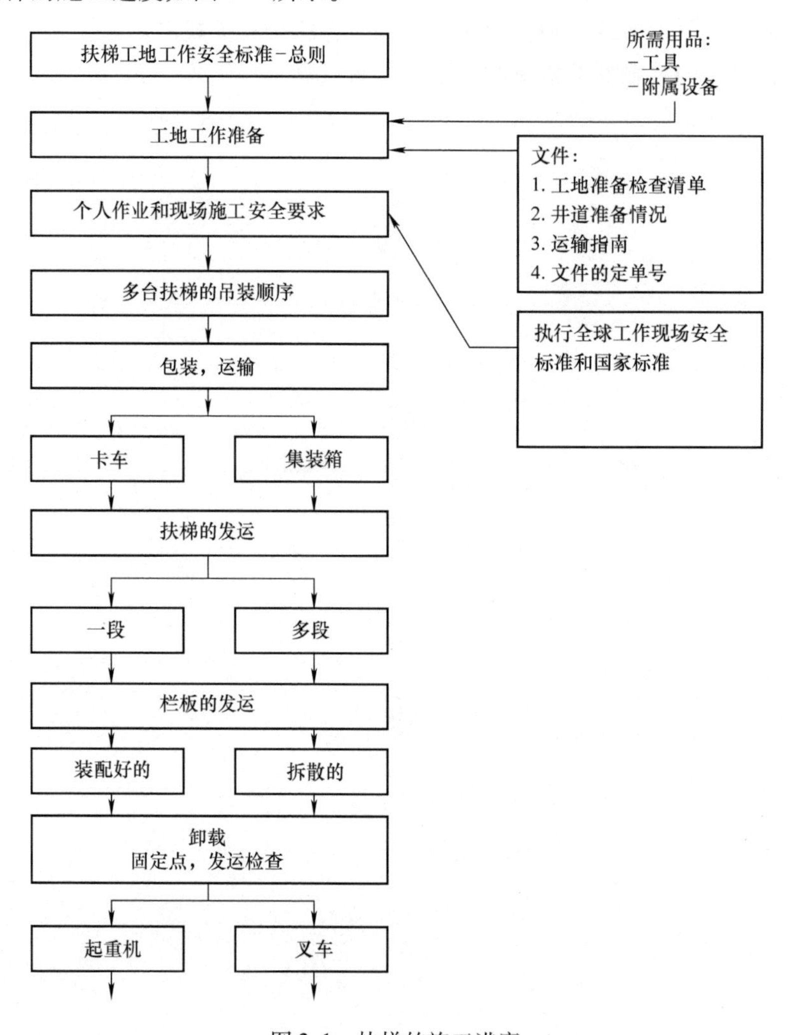

图 2-1　扶梯的施工进度

图 2-1　扶梯的施工进度（续）

2　扶梯的安装与调试要求

2.1　扶梯工地工作安全要求

1）保证现场的安全。现场设置警告标志，确保现场安全，如图 2-2 所示。

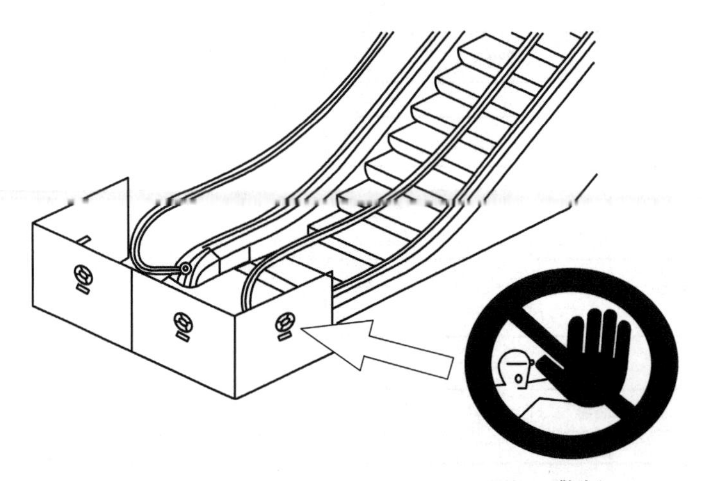

图 2-2 警告标志

2）前沿板的提升。图 2-3 所示为前沿板提升装置。其工作顺序为：使用螺钉旋具将提升装置撬起，用提升装置将前沿板提起。

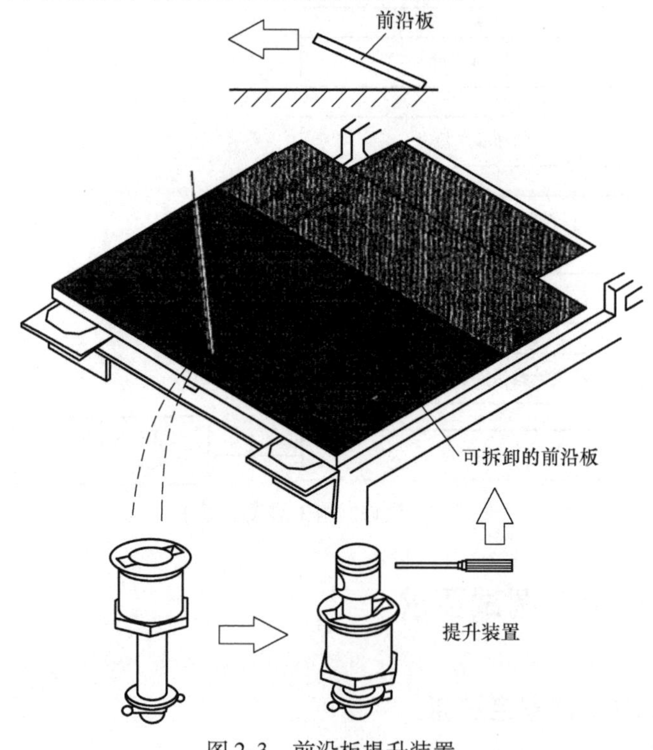

图 2-3 前沿板提升装置

3）手动检修控制装置的操作。手动检修控制装置如图 2-4 所示。扶梯的检修运行由“上行”和“下行”按钮控制，同时要按下“起动”按钮。出于安全考虑，使用便携式检修盒时，在扶梯运行中应始终用双手操作。

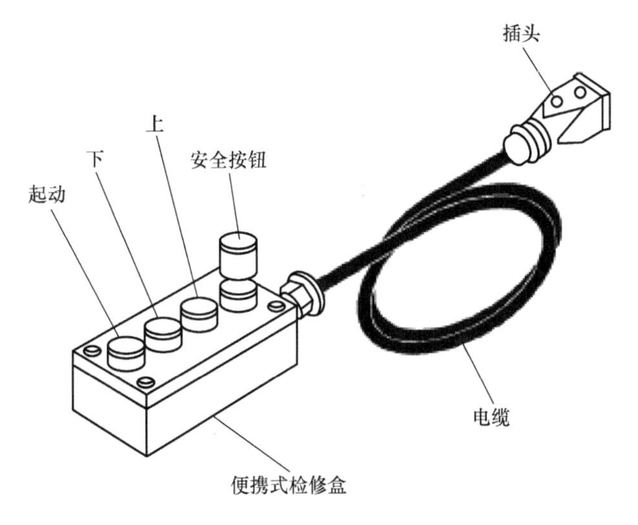

图 2-4　手动检修控制装置

此外，在缺少梯级时禁止运行（见图 2-5），禁止在梯级轴上行走（见图 2-6），应使用平板铺在梯级轴上行走（见图 2-7）。

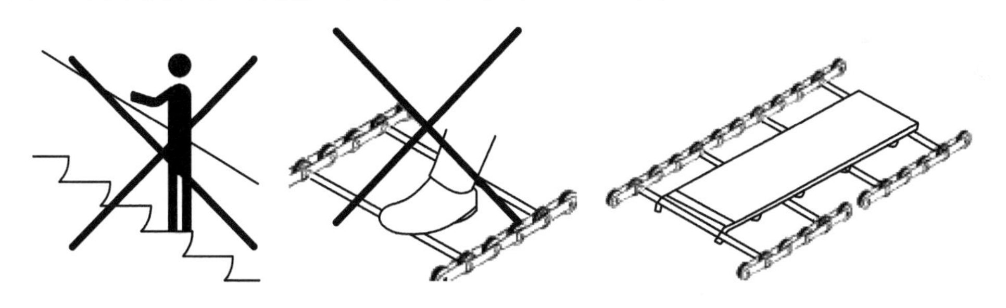

图 2-5　在缺少梯级时禁止运行

图 2-6　禁止在梯级轴上行走

图 2-7　将平板铺在梯级轴上行走

2.2　个人作业和现场施工的安全要求

施工前，电梯安装维修人员安全穿戴要求示意图如图 2-8 所示。

1）进入施工现场时应戴安全帽、安全护目镜，并穿好施工工作服、安全鞋，系好安全锁。

2）施工现场严禁吸烟。

3）在施工现场，随身携带的工具包中暂时不用的工具、零件不准随处乱扔，应妥善保管。

4）在井道内作业时要系好安全带。禁止在井道内上下交叉作业。

5）不得在未切断电源或未按压停止开关的情况下，在易滑动、转动、狭小空间、存在人身伤害可能性的部位进行检查、测试和修理。

6）焊接、切割工作尽量在井道外进行。在井道内进行电焊操作时，应系好安全带，严禁手持焊钳攀登脚手架。焊钳和焊钳线必须绝缘良好且连接牢固，更换焊条时应戴绝缘手套，在潮湿地点作业时应站在木板上。因更换场地而移动地线和工作结束时应切断焊接电源。

图 2-8　电梯安装维修人员施工前安全穿戴要求示意图

2.3　安装与调试过程中的注意事项

1）必须牢记“安全第一”的生产理念，从思想上时刻保持高度重视。

2）进入施工现场，必须头戴安全帽，穿上规定的工作服和安全鞋，不可戴手镯等装饰品。严禁在工作时相互打闹及饮酒。

3）在井道脚手架上工作，上下爬行时要站稳、抓实，除已提供的某些防护措施外，当工作台高度超过 2m 并有坠落危险时，必须戴上安全检查带，并将其紧系在牢固的物体上。当拆除脚手架时，必须将附在木板上的钉子除去或敲弯，以免发生意外。

4）工作区域及周围地区必须保持整齐无杂物，任何时间均应防止绊倒或其他损伤，确保工作环境安全。

5）工作现场要有足够的照明，对于随身照明，严禁使用明火或 220V 电源照明，必须用 36V 以下的安全电压作为照明用电。

6）当使用易燃、易爆及有害液体时，必须确保空气流通，配备消防器材。在现场严禁吸烟和引入火种。如果在密封场所作业且无通风设施，则必须戴上认可的口罩，防止溶液接触到皮肤。切勿将氧气、氯气等进行混合，以免发生爆炸事物。

7）在使用电动工具时，必须保证有可靠的接地，并配有剩余电流断路器，电动工具不得在潮湿的环境中或水中使用，切不可将电动工具另作他用。

8）气割设备应放置在妥善的地方，并有“禁止吸烟”标志、消防措施和灭火工具。氧气瓶和乙炔瓶存放距离不得小于 7m，且远离火源至少 10m。

9）当进行电焊或气割工作时，应提前与防火部门取得联系，申请动火证。操作工必须持有动火证方可动火，动火前必须有监护人员并配备灭火器。

10）一定要防止溶液溅到衣服上。

11）未经质检部门验收的扶梯，非授权人员不得随意起动。

12）每天工作结束时，检查扶梯内是否有遗留物品，检查开关是否已关闭，同时应确保防火设备处于良好状态。

13）每个工地上都必须配有急救箱。

2.4 安装前的检查工作

1）扶梯安装前的检查。在安装前应首先检查扶梯在运输过程中是否有包装破损现象，对照装箱清单检查是否有零件遗缺。如果发现有此类现象，应立即与公司售后服务部门取得联系，以免延误安装日期。

2）井道的检查。为了保证安装施工能顺利进行，在施工准备时，必须测量井道并与图样核对，如有问题可提前发现，以便及时研究解决。

3）检查用户供电系统容量，是否满足“三相五线制”的要求，是否有可靠的接地，供电线路是否敷设到上机房处。如果发现问题应及时与用户联系解决，以免影响装梯进度。

4）检查扶梯供电电源是否为临时电源，如为临时电源，应通知订货单位及时安装正式供电电源。

5）检查扶梯电源导线、电缆线及其他控制线的规格是否符合图样要求，电线质量是否符合使用要求。

6）施工用电必须设置专用闸箱，并有警告标志，各路负载必须有短路及过载保护装置，手动工具用电必须由匹配的剩余电流断路器控制。

7）机房电源必须经开关控制，开关应设置在操作方便之处，以便紧急情况下能及时拉闸。熔丝应为正规产品，不得用钢丝、铜丝代替。

3 扶梯安装的工作流程

扶梯安装工作流程如图 2-9 所示。

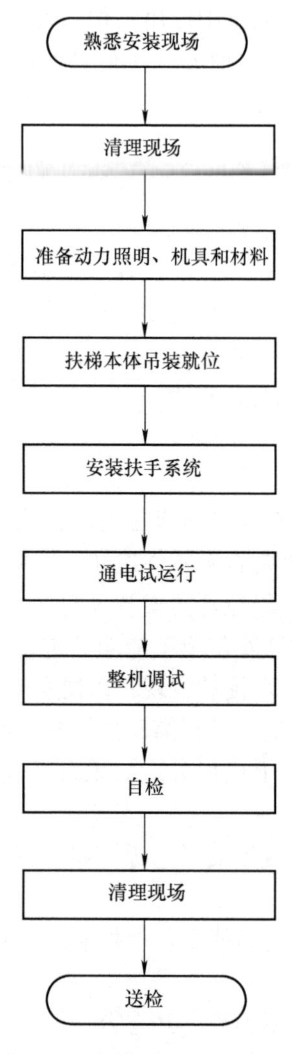

图 2-9 扶梯安装工作流程

4 扶梯安装前的准备工作

4.1 防护栏的安装

防护栏的安装如图 2-10 所示。防护栏在施工现场起防护、屏蔽的作用。

防护栏的高度不得低于 1m，护脚板的高度不得小于 0.1m，栏杆的高度应不小于 0.5m。建议用栅网作为防护栏。

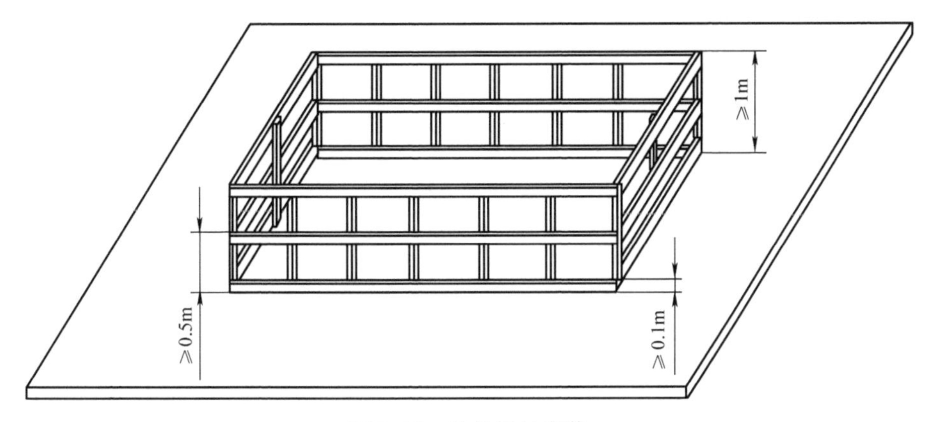

图2-10 防护栏的安装

4.2 井道内的准备工作

所有检查工作都必须严格按照施工设计图样的要求进行。

如图2-11所示，认真检查各设计尺寸。

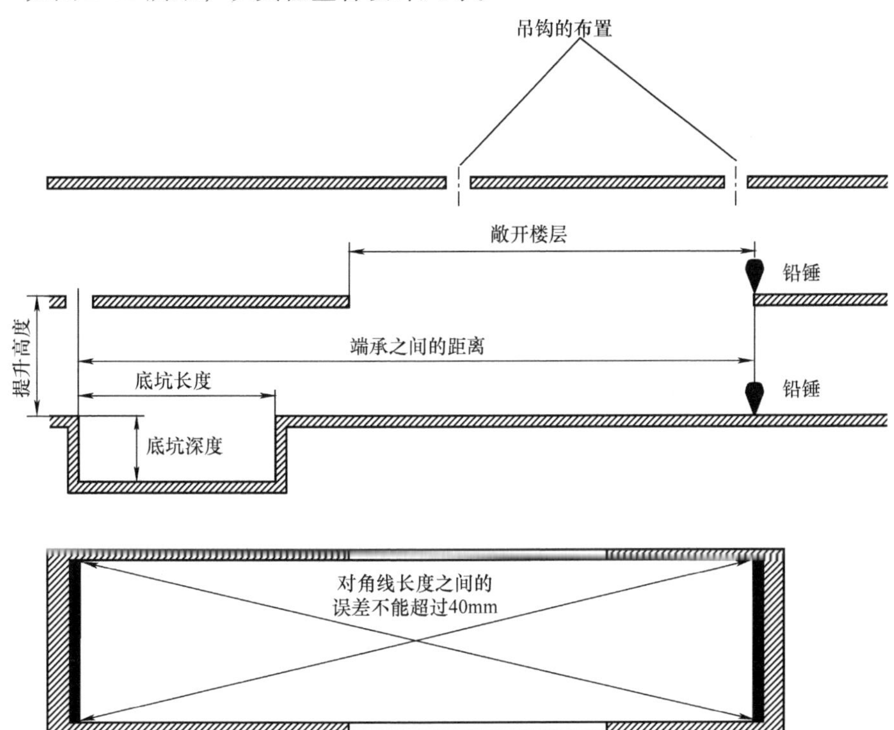

图2-11 井道安装尺寸

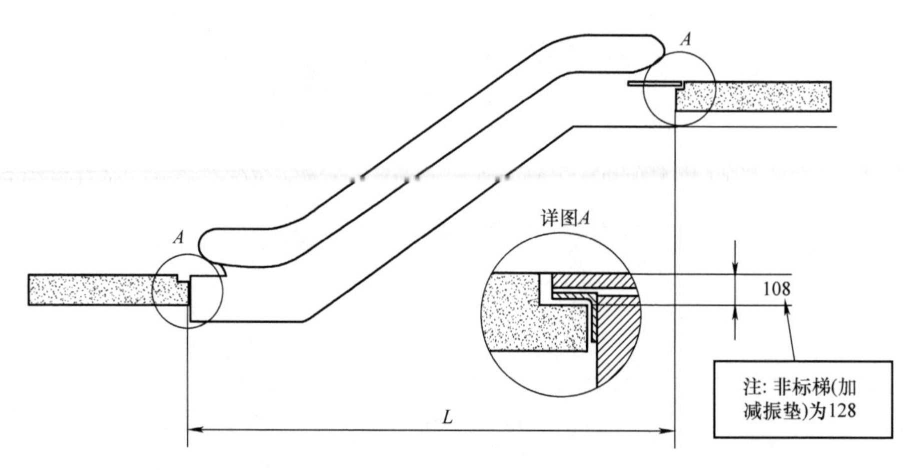

图 2-11 井道安装尺寸（续）

1）检查井道时，应清晰地标出完工后地板的水平线标记和中心线标记（由业主完成）。

2）检查端承之间的距离、底坑长度、底坑深度、提升高度和对角线长度。

3）检查楼层出入口的高度。

4）检查用于运输的横梁和吊钩。

5）检查用于水平运输的楼层地板规格尺寸以及载重量。

在吊装之前必须检测表 2-1 中所提及的各项数据。

将检测出来的数据填入到表 2-1 中“实际尺寸”一栏中。

表 2-1 尺寸

扶梯编号	订单编号	地点		土建跨度		提升高度	
		发自	到达	理论尺寸	实际尺寸	理论尺寸	实际尺寸

检查楼顶天花板的承重载荷，如图 2-12 所示。

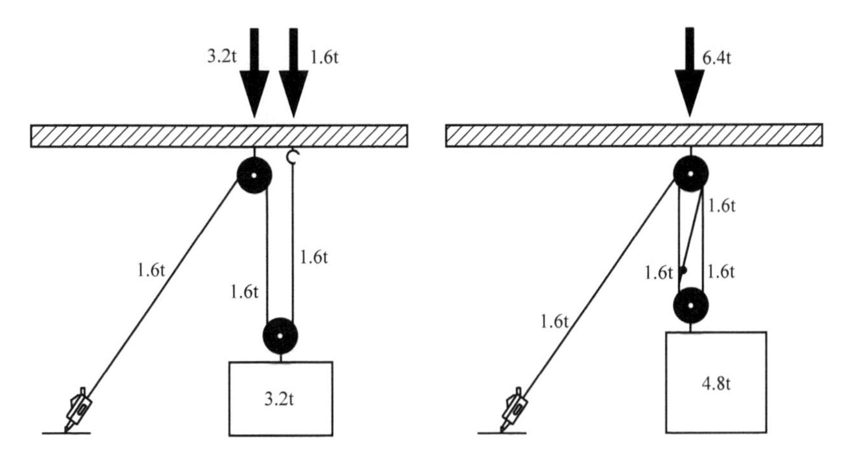

图2-12 楼顶天花板的承重载荷

5 扶梯的吊装就位

5.1 扶梯的典型布置方式

扶梯的典型布置方式如图2-13所示。

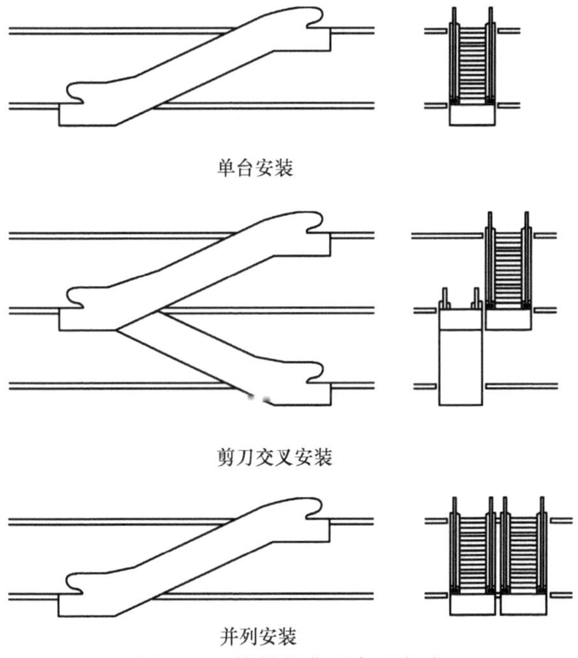

图2-13 扶梯的典型布置方式

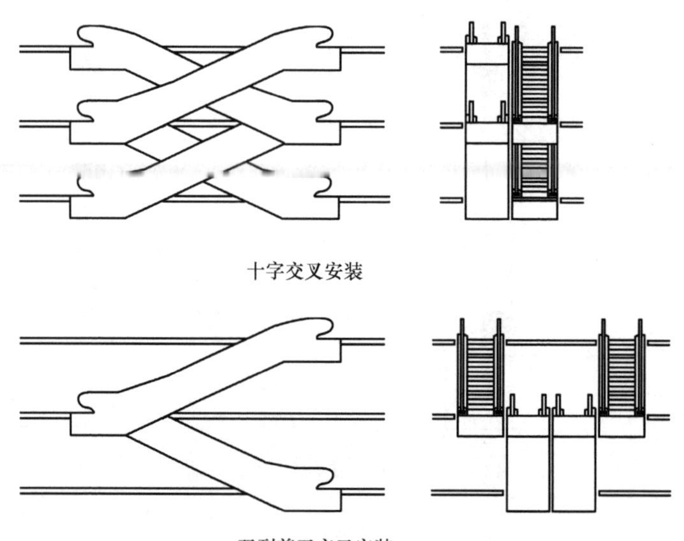

十字交叉安装

双列剪刀交叉安装

图 2-13　扶梯的典型布置方式（续）

注意：对十字交叉安装式，建议两台之间留不小于 333mm 的间隙。

5.2　扶梯的卸车

1）用起重机卸载扶梯。

如图 2-14a 所示，用起重机分别起吊扶梯的两端，起吊点如图 2-14b 中 A 处所示。注意绳索允许的起吊吨位，起吊货物下严禁站人。为了稳定扶梯，防止其起吊后旋转，需有两人分别拽着扶梯，如图 2-14c 所示。

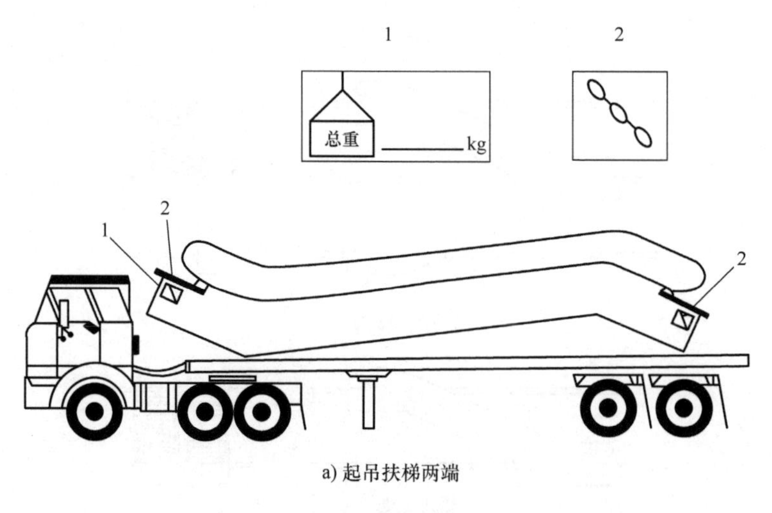

a) 起吊扶梯两端

图 2-14　起吊

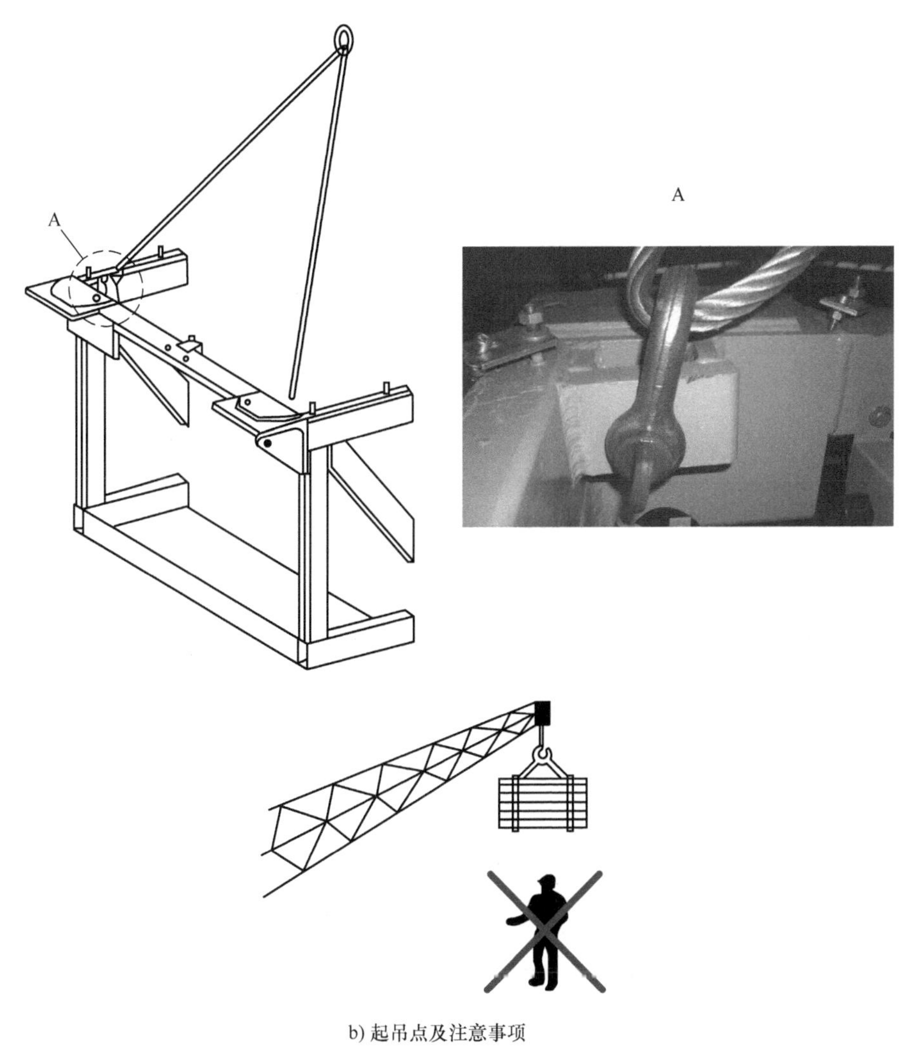

b) 起吊点及注意事项

图2-14 起吊（续）

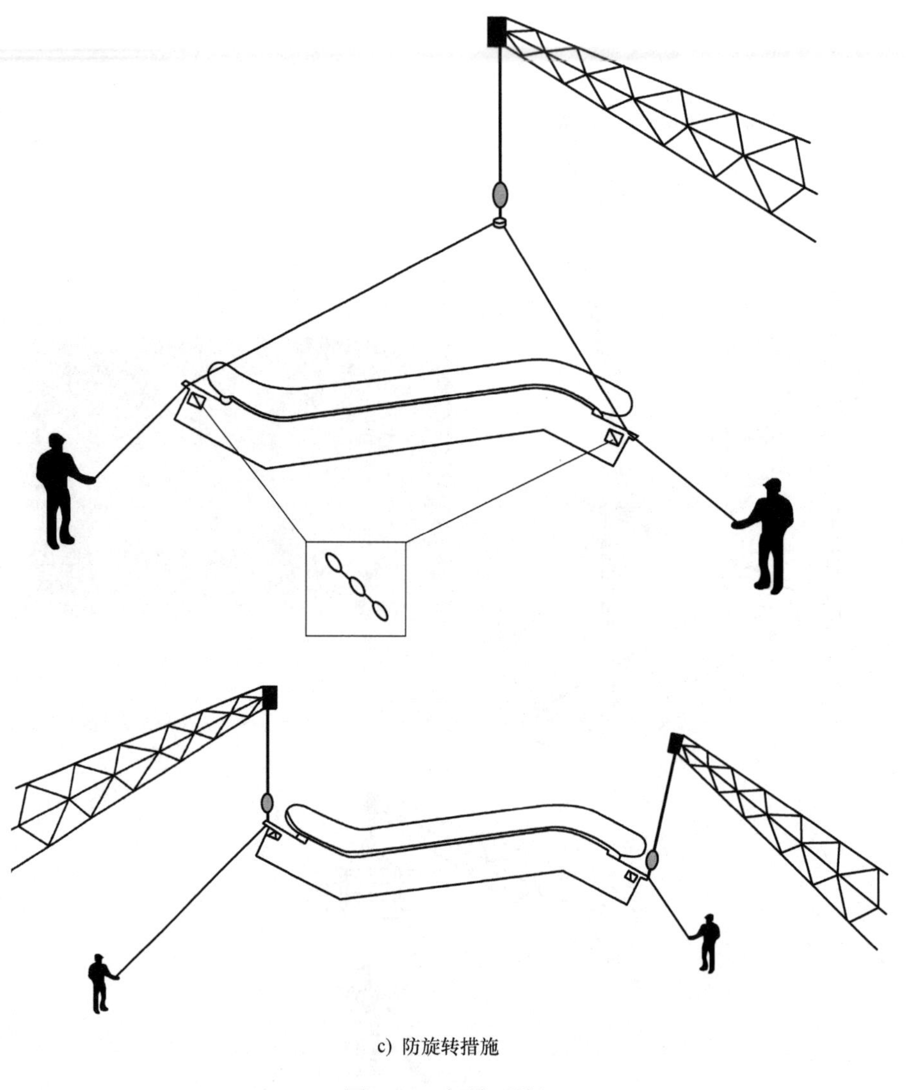

c) 防旋转措施

图 2-14　起吊（续）

2）用叉车卸载扶梯。

采用叉车卸载扶梯时，需要两台叉车协同作业，如图 2-15 所示。起吊注意事项参考“起重机卸载扶梯”相关内容。

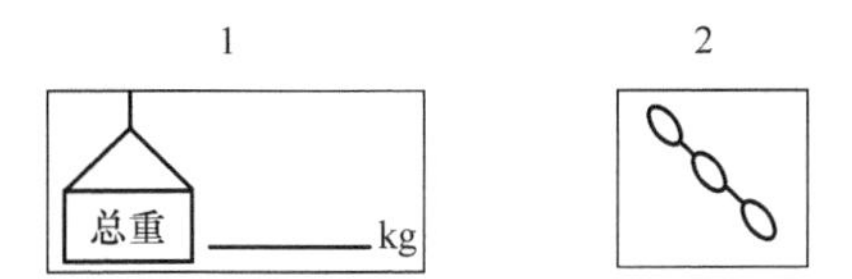

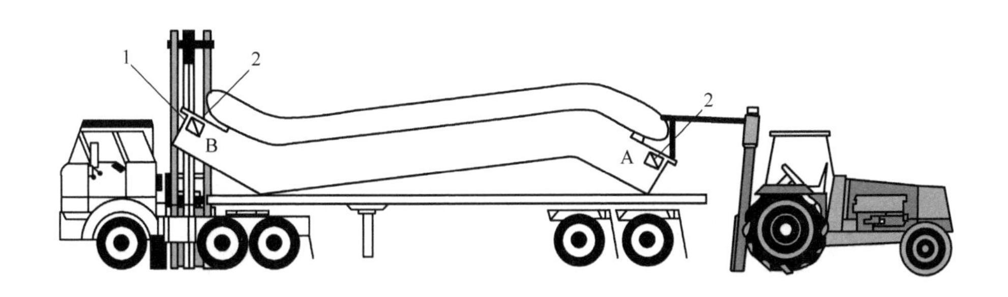

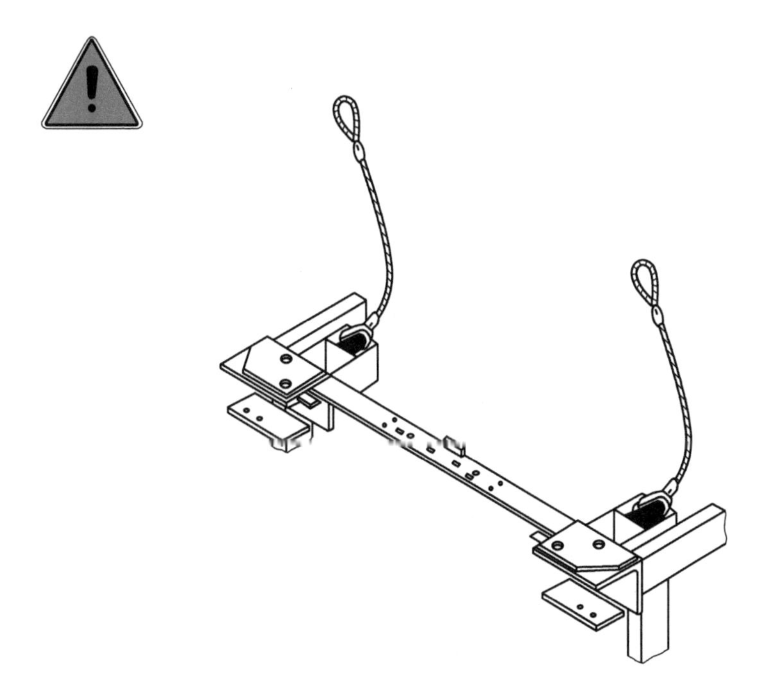

图2-15　两台叉车协同作业

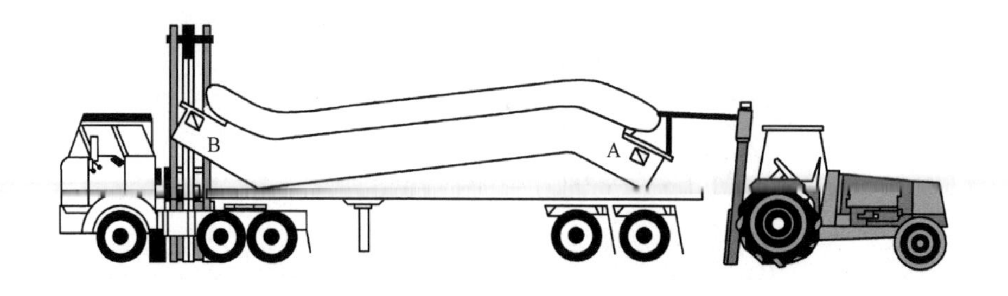

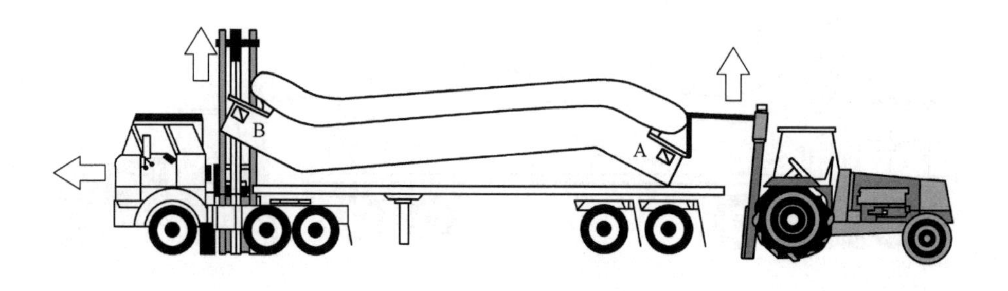

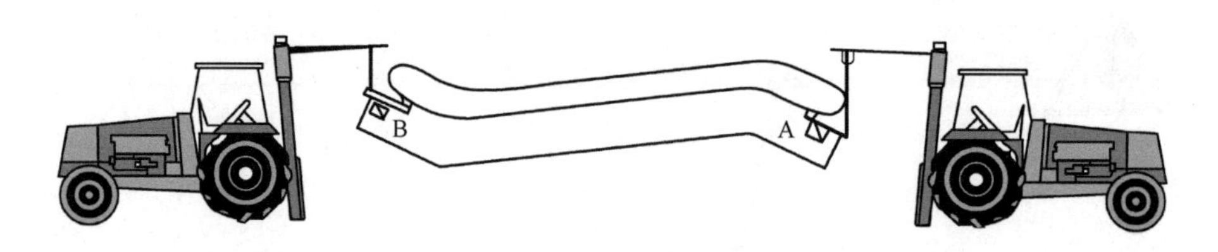

图 2-15　两台叉车协同作业（续）

5.3　扶梯的连接

5.3.1　桁架连接

（1）注意事项

1）楼板的承载能力。

2）足够的顶部空间。

3）移动至井道。

4）吊装方法与选择的地点有关。

5）可以用叉车和吊索来起吊。

6）不要使用叉车从桁架的底部将其托起，底板也是桁架的一个组成部分，如图 2-16 所示。

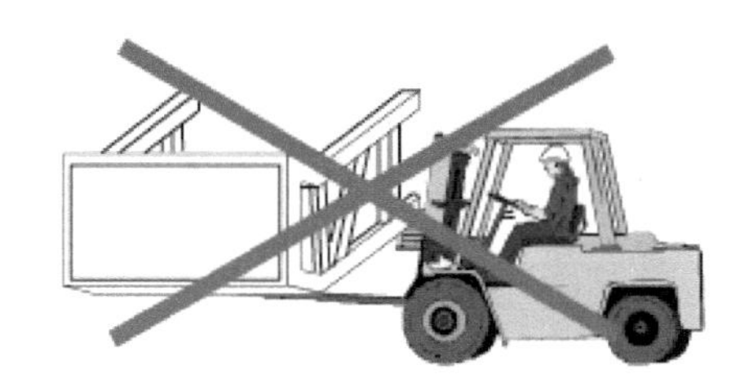

图 2-16　禁止使用叉车从桁架的底部托起

7）当使用吊索时，应用护套将其掩盖住，以防在起吊时损坏玻璃通道。

8）在没有叉车的情况下，可采用三脚架。

9）在拼接桁架时，应将所有的接口板件移走。

（2）安装准备　在安装栏板系统之前，以下准备工作必须完成。

1）在自动扶梯提升至井道内之前，在井道附近将桁架连接好，如图 2-17 所示。

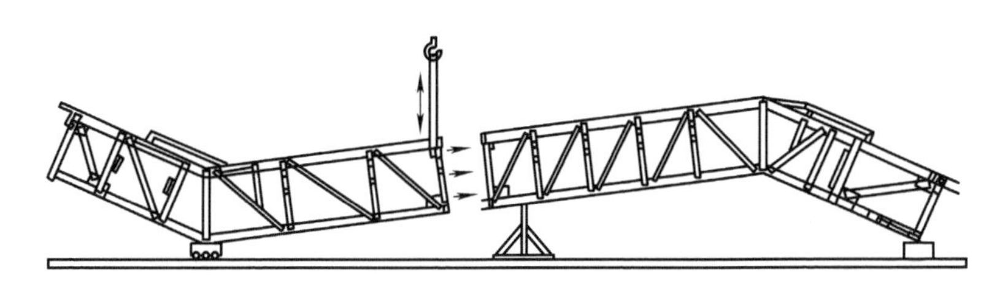

图 2-17　连接桁架

① 敲入定位销。

② 用高强度螺栓联接，如图 2-18 所示。

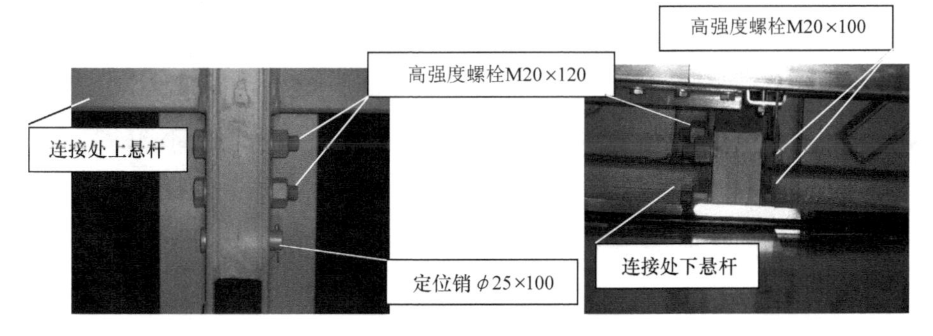

图 2-18　用螺栓联接

2）连接所有的梯路导轨，确保接缝平滑。

3）连接梯级链条。

① 无论建筑物周围环境如何，梯级链条始终要保持清洁。

② 禁止以任何带压力的方式来清洁链条，避免损伤链条而造成不良后果。

③ 检查所有的定位挡圈，确保都在适当的位置，并且所有的链板都能自由移动。

5.3.2 张紧架

张紧架位于扶梯的下头部，它所起的作用是对梯级链条进行张紧，如图2-19所示。

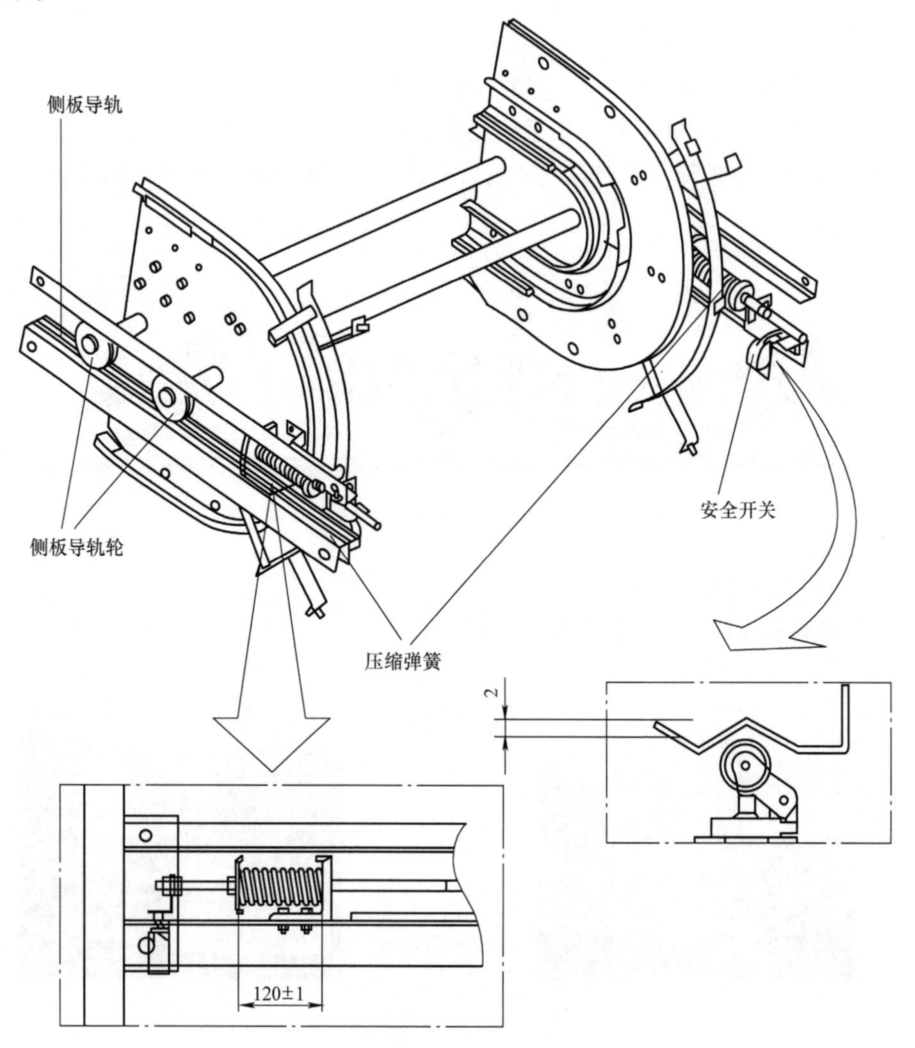

图 2-19 张紧架

张紧架通过导轨轮来导向，并且在两个压紧弹簧的作用下保持着恒定的张紧力。在其两边各有一个安全开关，如果张紧架有什么反常的动作，在安全开关作用下，扶梯就会停止。

在转向臂上有一个特殊的切口，维修保养时，可以将梯级从这个缺口中提出。

注意：在起动扶梯之前，将张紧架两边的弹簧都调整至（120±1）mm（不含两端圆盖厚度）。

5.3.3　桁架上的电气连接

安装顺序如下：

1）将连接器的插头连接在一起，如图 2-20 所示。

2）将电缆绑在桁架上，如图 2-21 所示。

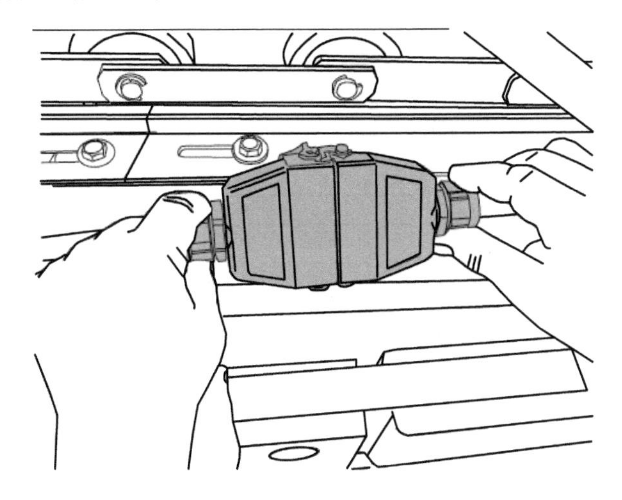

图 2-20　将连接器的插头连接在一起

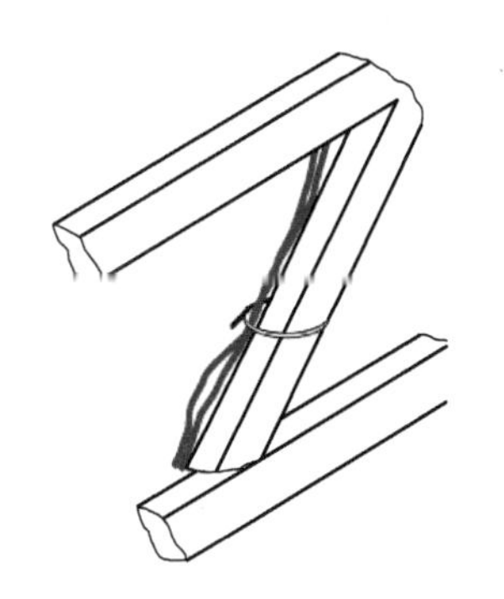

图 2-21　将电缆绑在桁架上

5.4　扶梯的吊装

5.4.1　移动扶梯至井道

把扶梯放到滑板车上，找到合适的固定点并用绳索加以固定，然后用卷扬机慢慢牵引扶梯至相应井道旁，如图2-22所示。需要拐弯时，还要配合使用千斤顶。

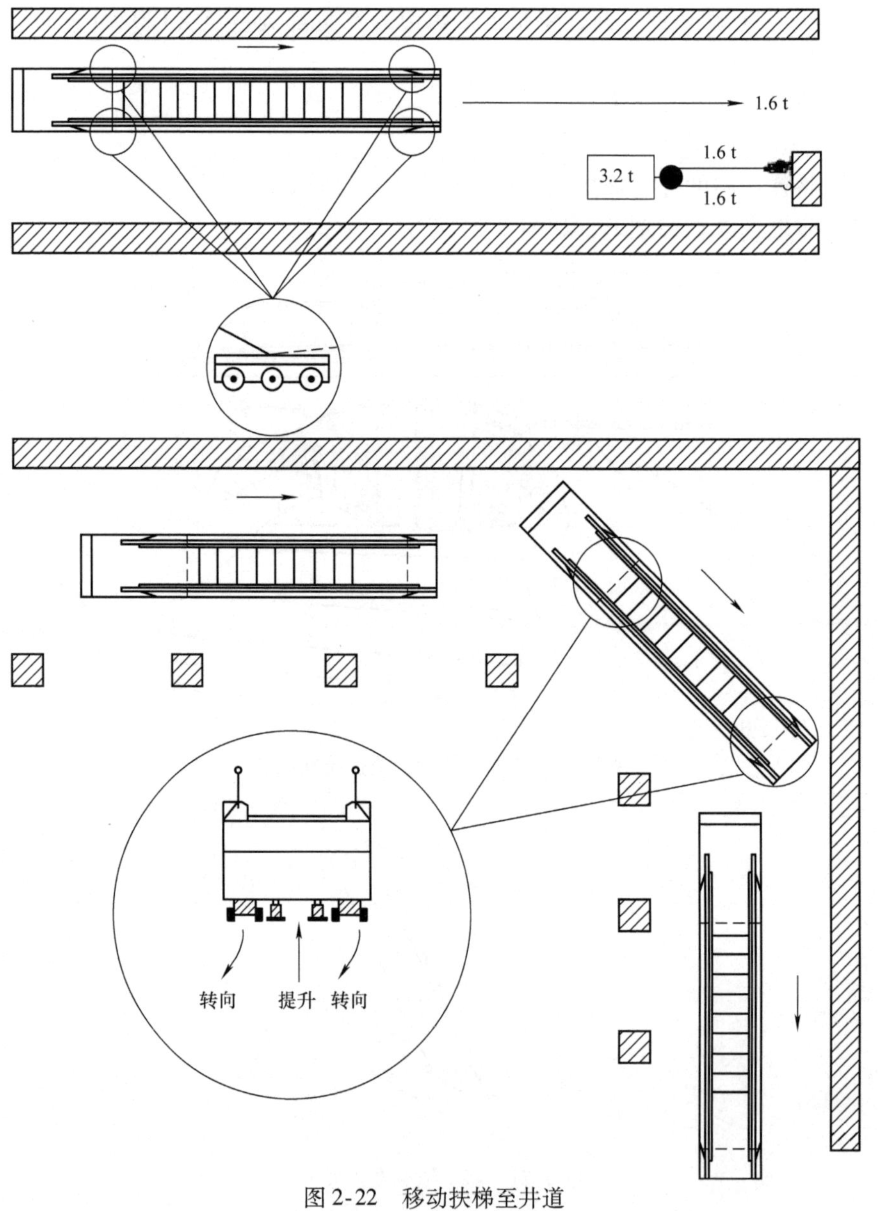

图2-22　移动扶梯至井道

注：液压千斤顶的位置在底部。

5.4.2 井道内起吊扶梯

安装扶梯时要按照从上往下的顺序进行，首先安装最顶层扶梯。如图2-23所示，起吊扶梯时有两个起吊点，顶层人员在其中一个起吊点操控设备慢慢牵引扶梯进入井道，另外一个起吊点可以起到辅助平衡扶梯的作用。

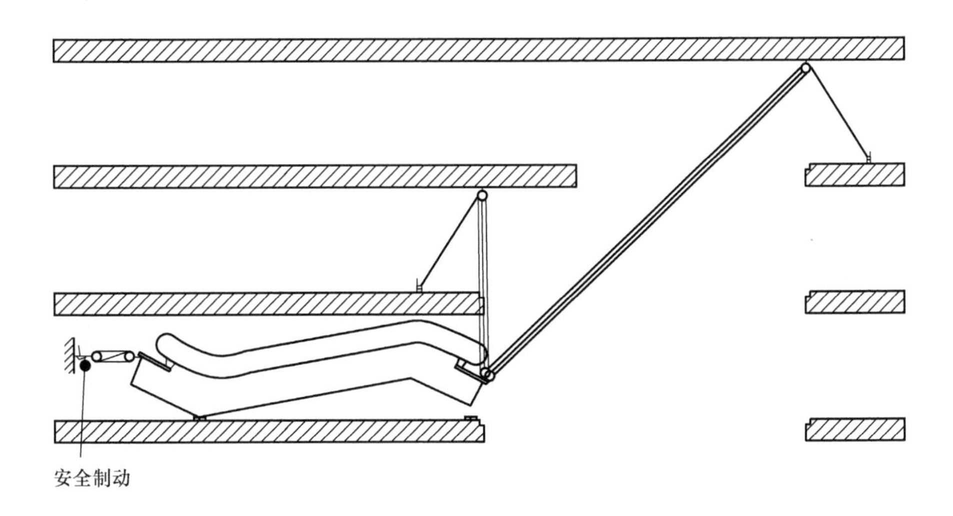

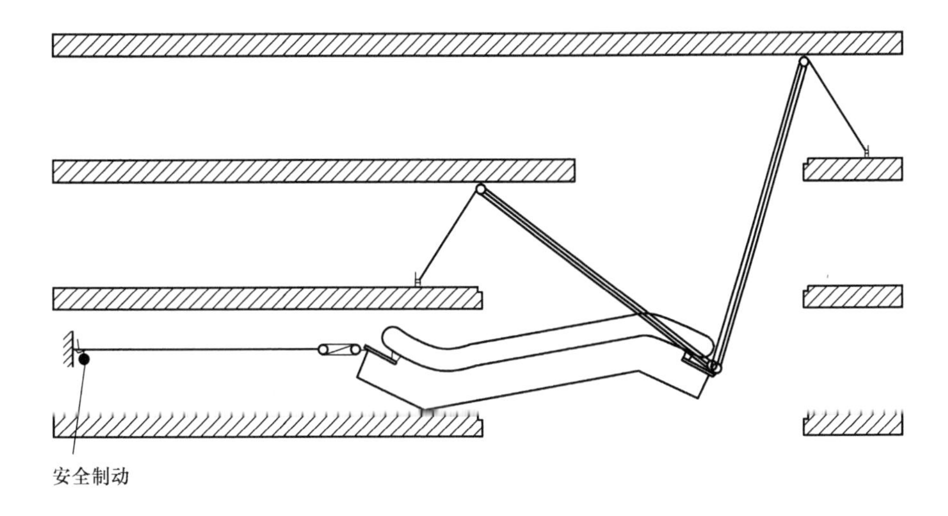

图2-23 井道内起吊扶梯

当扶梯快要进入井道内时，扶梯下端还要增加一个起吊点，这样可以形成两处起吊点共同起吊扶梯的状况，如图 2-24 所示。

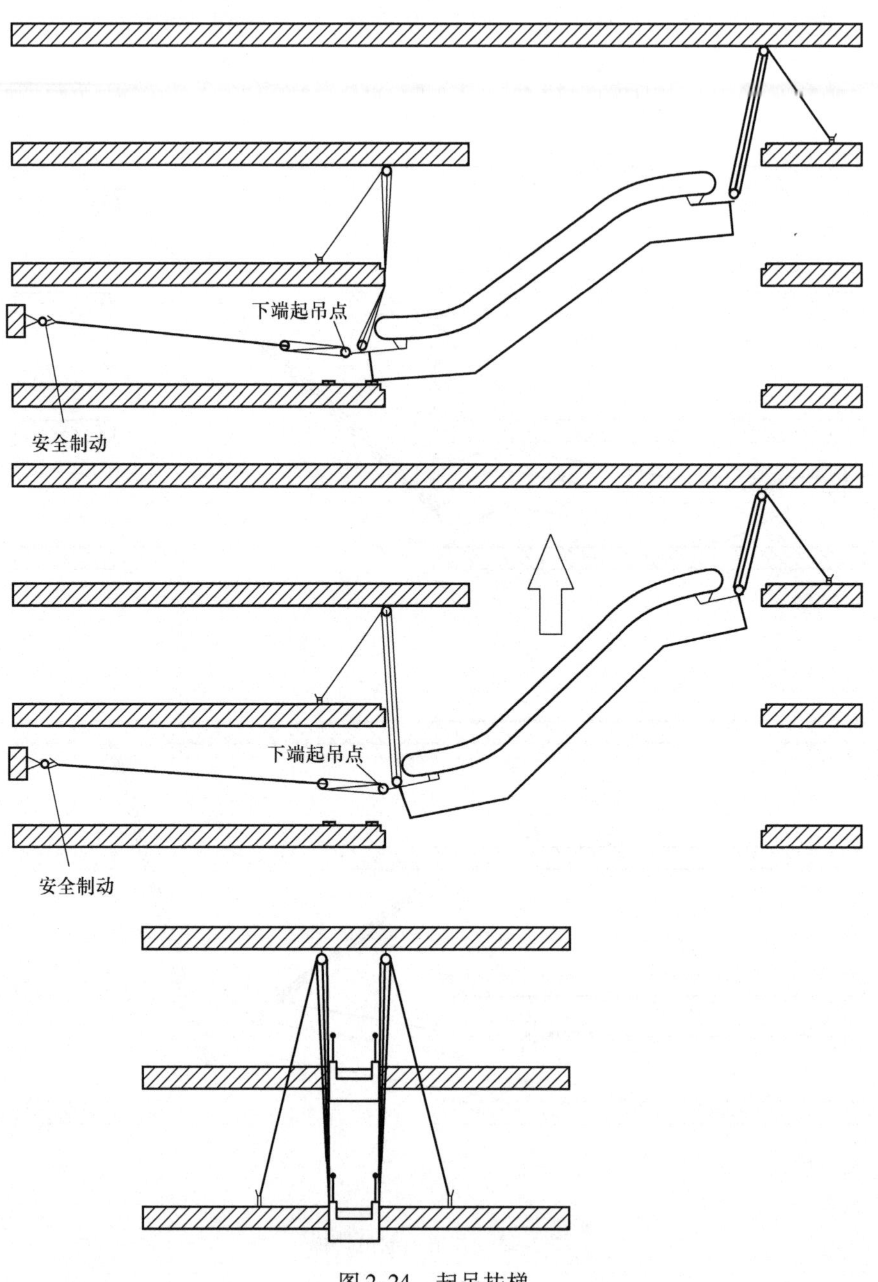

图 2-24　起吊扶梯

5.5　扶梯的调整

5.5.1　扶梯的校正

桁架吊装结束并放置在端承上（见图2-25）后，要立即进行水平调节。

由于前沿板缩进，大角钢在外部，因此扶梯吊装完毕后，必须先调水平度；否则，装饰地面一旦完成，大角钢被埋入混凝土中，将无法调节自动扶梯的水平度。

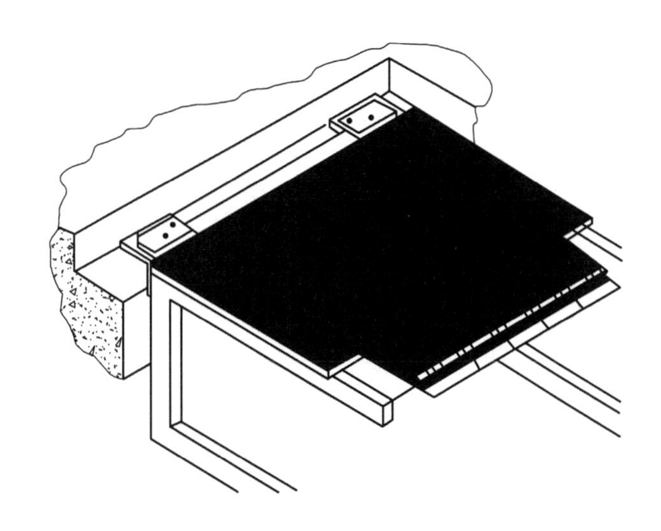

图2-25　桁架放在端承上

调节自动扶梯水平度的步骤如下（见图2-26）：

1）调整时，上下头部的定位螺栓都必须完全拧入支撑角钢。

2）调整扶梯在井道内的位置，应校正扶梯的中心线（画线标出）与井道的中心线。

3）调整上头部水平度时，应将水平仪放置在主驱动轴上或放置在水平梯级上；调整下头部水平度时，将水平仪放置在标准水平杆上或放置在水平梯级上。

4）调节定位螺栓的上下位置，对扶梯进行适当的高度和水平度调整。

5）在水平度调整好之后，塞上垫片，用来取代定位螺栓。

6）调节之后，如果前沿板与地面之间在水平度上有一些轻微误差，则可以调整前沿板边框支架至前沿板上表面和楼层地板面在同一水平面上。

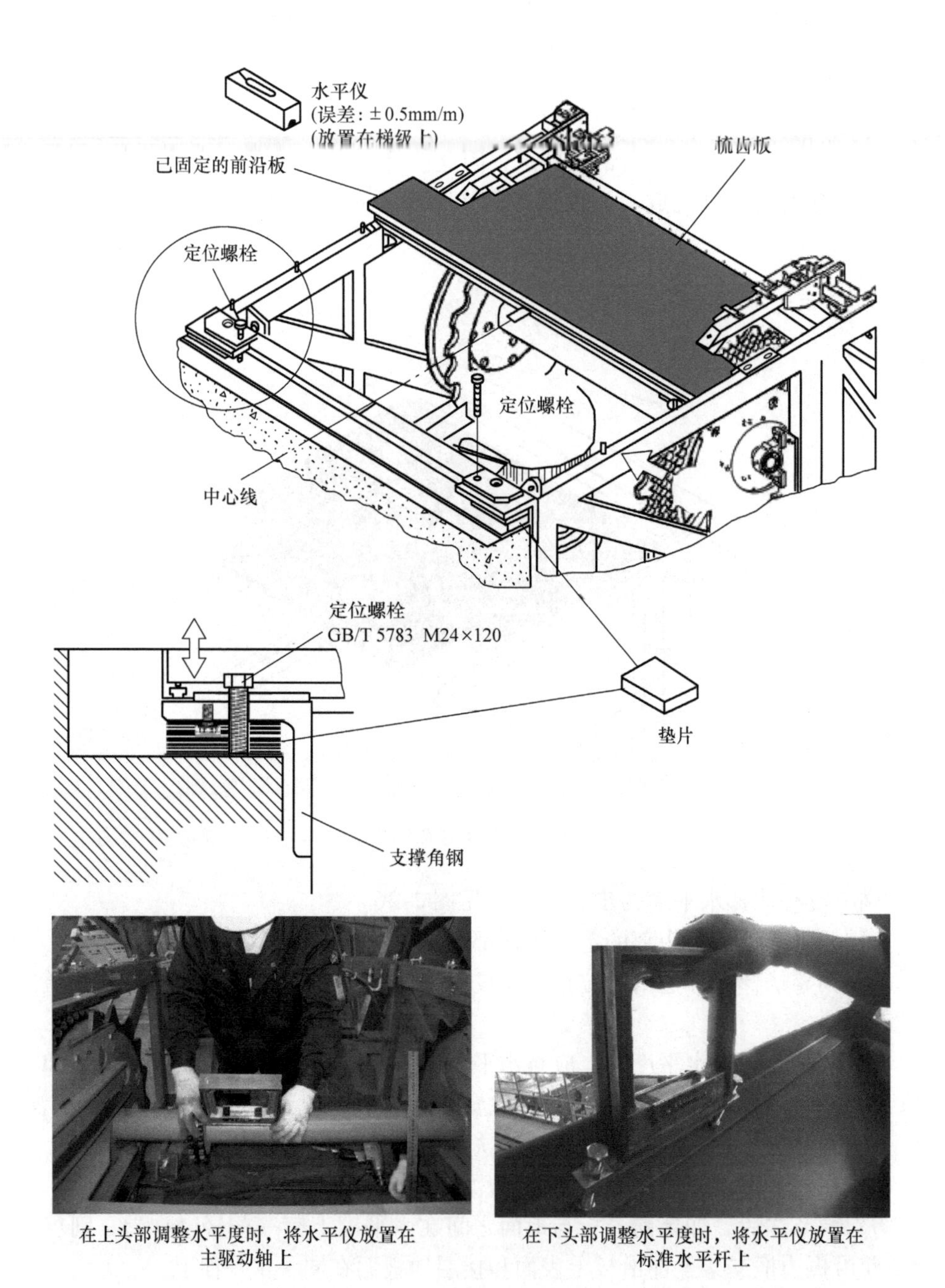

在上头部调整水平度时，将水平仪放置在主驱动轴上

在下头部调整水平度时，将水平仪放置在标准水平杆上

图 2-26 扶梯水平度的调节

5.5.2　扶梯中间支撑部位的调整

如图 2-27 所示，按以下步骤调整中间支撑部位：

1）起吊前应将支架安装好。

2）用液压千斤顶将支架顶起，直到桁架就位。

3）在支撑板与支架之间塞上垫片。

4）用经纬仪或钢丝绳来检测扶梯侧面的直线度，保证扶梯倾斜面的直线度误差小于或等于 3mm。

5）调整垫片的数量；为了便于桁架两边水平度的调整，应将水平仪放置在梯级上。

6）释放液压千斤顶。

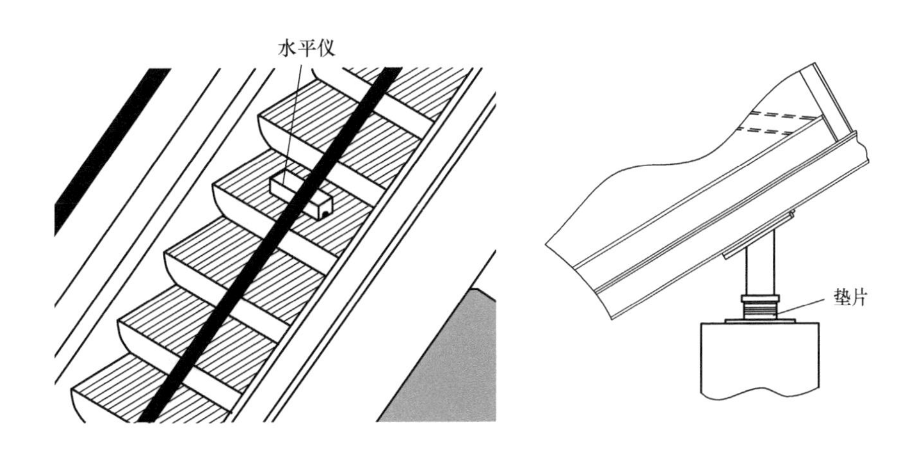

图 2-27　中间支撑部位的调整

6　扶梯现场安装

6.1　扶手系统的安装

所有自动扶梯在工厂都已通过安装和试运行，并进行了必要的调整和测试。

为了便于现场安装，拆卸下来的相邻的栏板、盖板和围裙板等部件都应使用标签加以标记。

6.1.1　安装准备

在安装扶手系统之前，以下准备工作必须完成：

1）在自动扶梯提升至井道内之前，在井道附近将扶梯连接好，将上头部和（或）下头部连接到中间段，并且保证螺栓拧紧力矩达到要求。

2）安装好所有的梯路导轨和螺栓，确保接缝平滑。

3）连接梯级链条。

4）扶手带应有保护措施，防止表面被划伤。

5）扶手带中心距和桁架宽度如图 2-28 所示，按梯级宽度为 600mm、800mm、1000mm 分列对应。

6）扶梯的上头部、下头部和倾斜直线段如图 2-29 和图 2-30 所示。

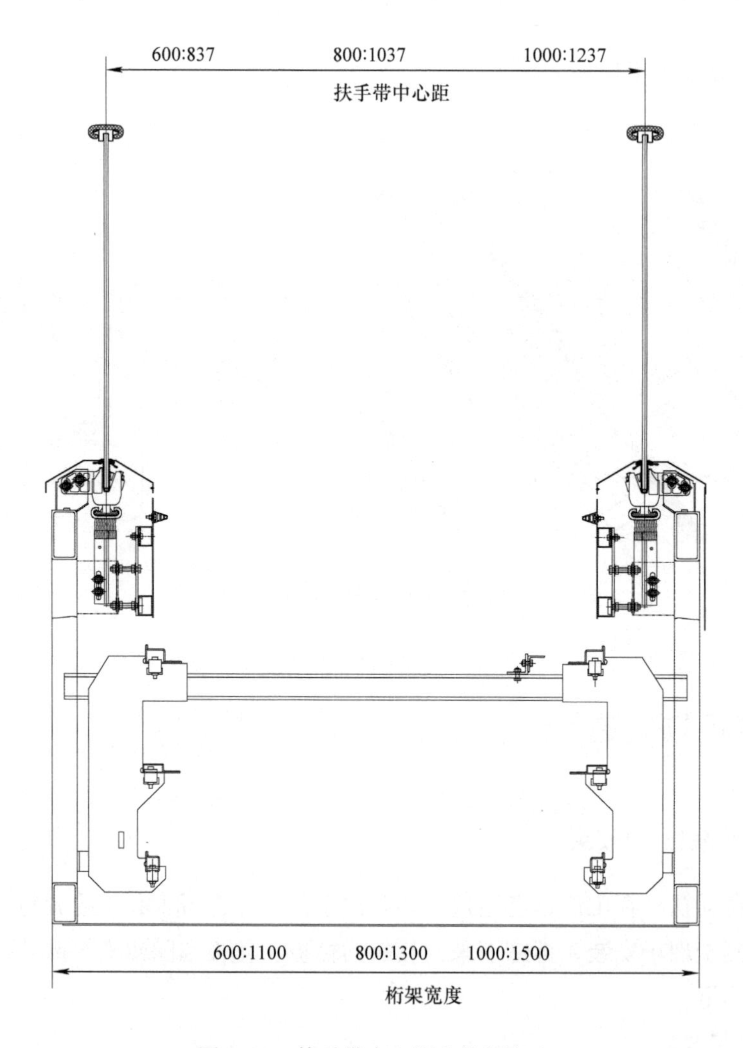

图 2-28　扶手带中心距和桁架宽度

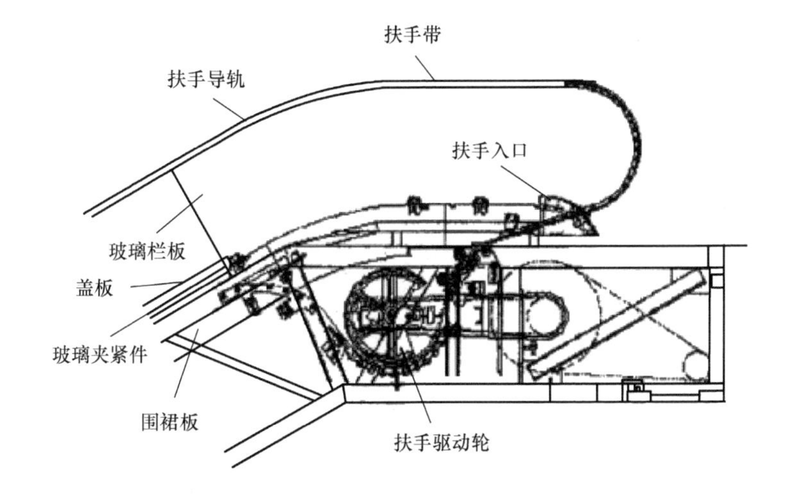

a) 上头部

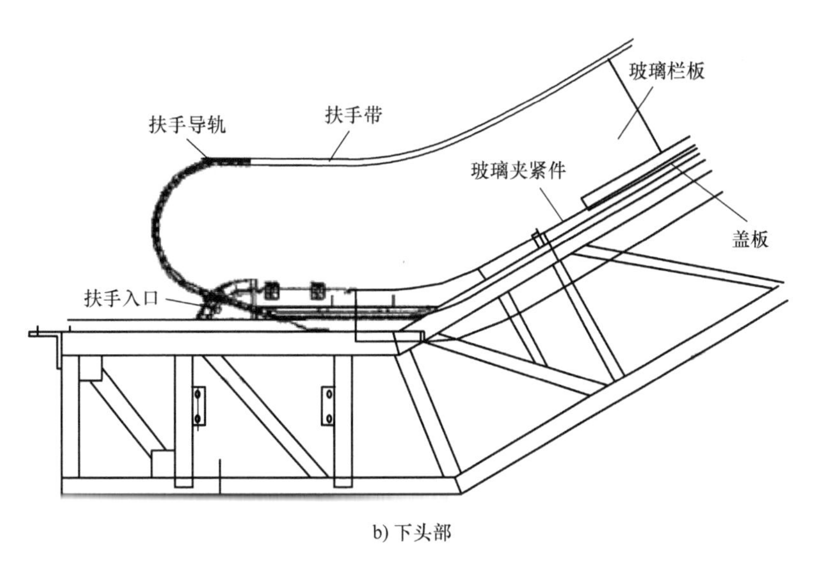

b) 下头部

图 2-29　上、下头部

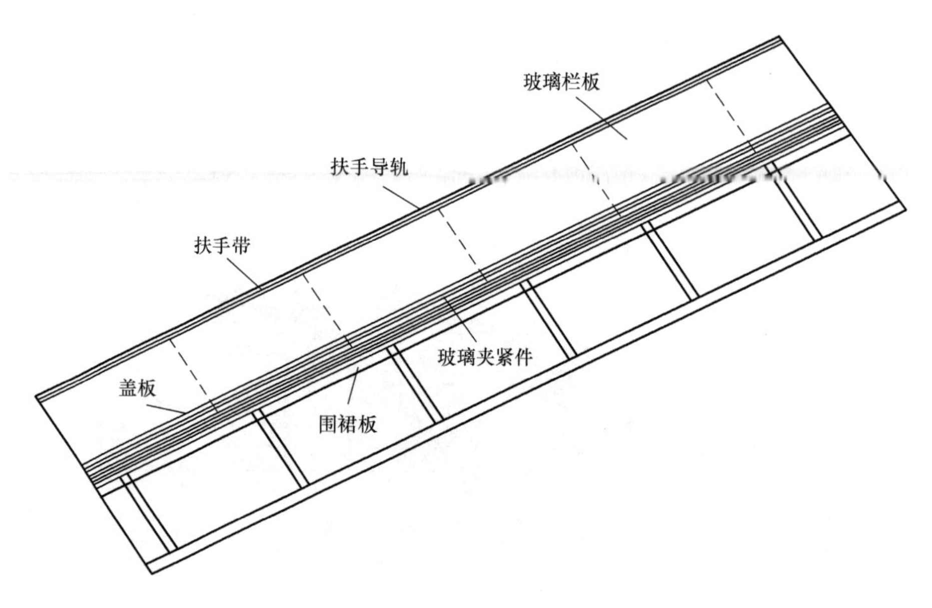

图 2-30 倾斜直线段

6.1.2 玻璃栏板的安装

按图 2-31 安装各段玻璃栏板，注意接缝间隙应保持一致。

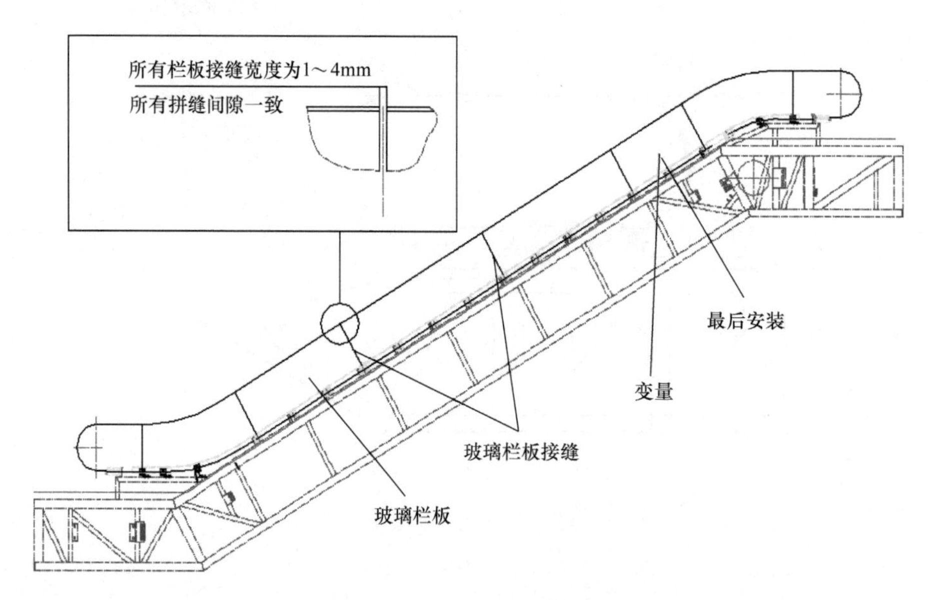

图 2-31 安装各段玻璃栏板

具体安装顺序如下：

1）安装玻璃栏板前，应拆除内盖板。注意盖板的安装位置。

2）检查玻璃夹紧件的位置是否有偏移，如有偏移，需根据扶手固定件标记进行调整（见图2-32），之后才可以安装玻璃栏板。

图2-32 调整

3）以玻璃夹紧件上的定位标签为基准，安装上、下头部的玻璃栏板，如图2-33所示。

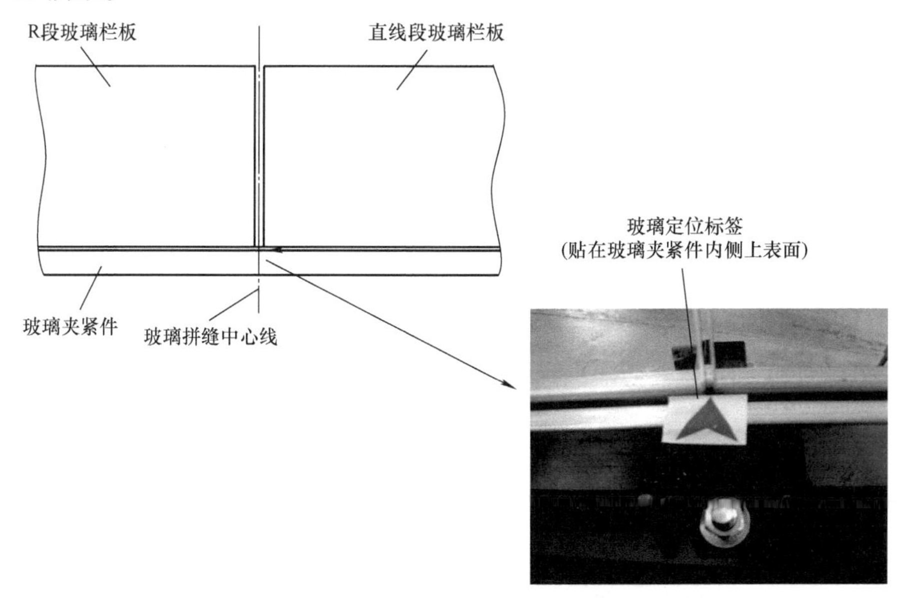

图2-33 安装上、下头部的玻璃栏板

4）以下头部玻璃为基准，安装倾斜直线段的玻璃栏板。根据每块玻璃的长度，在嵌条上测量并做出标记。先安装长度为1798mm的玻璃，最后安装非标段玻璃。安装的玻璃栏板必须与做出的标记对齐。

5）每块玻璃栏板之间的缝隙必须小于4mm，且保证缝隙均匀。

6）对玻璃的垂直度进行调整。垂直校正精度控制在2mm/m。若垂直度达不到要求，则可用锤子敲击夹紧件座，以达到调节垂直度的目的。调整后用扳手拧紧每块玻璃栏板夹紧件的螺母，拧紧力矩为30～35N·m，如图2-34所示。

7）上、下头部的夹紧件座在扶梯出厂时已做好定位标识，扶梯玻璃栏板安装时不可随意将夹紧件座抬高或降低。

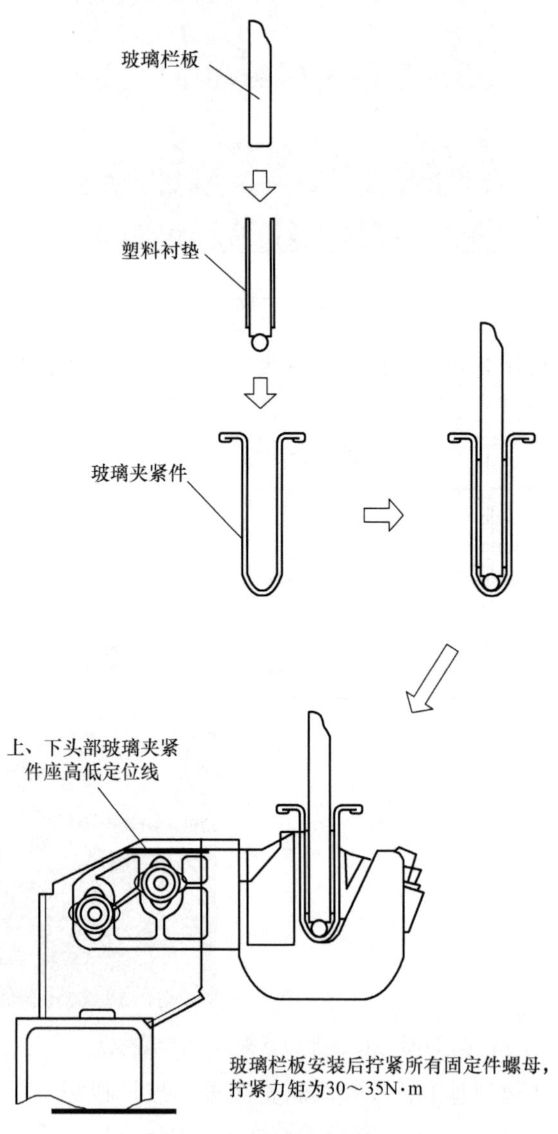

图2-34　玻璃垂直度的调整

6.1.3　扶手导轨的安装

（1）扶手导轨的安装方法　用连接板和 M4 螺钉把两端导轨连接上。注意接头处应修光平整，无毛刺，螺钉表面不能高出导轨表面，如图 2-35 ~ 图 2-37 所示。

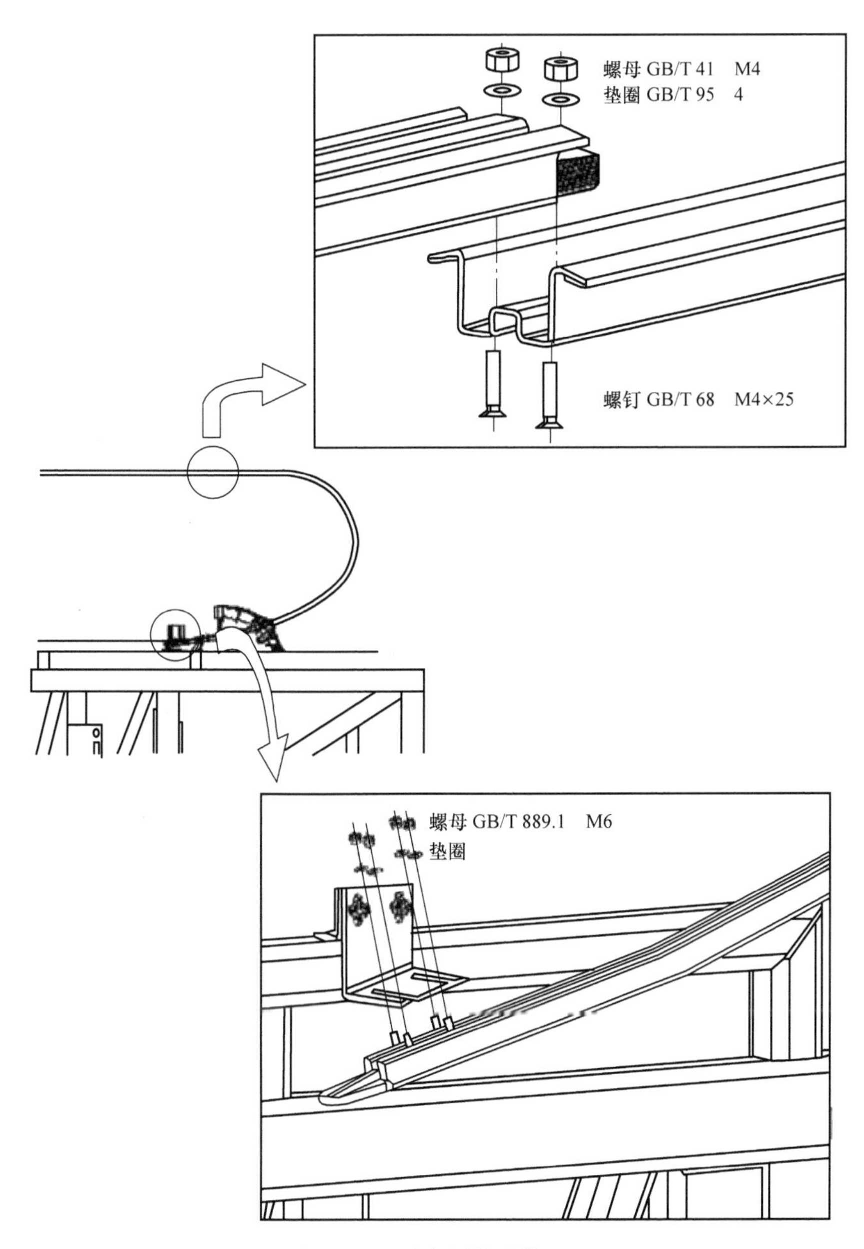

图 2-35　上头部导轨连接

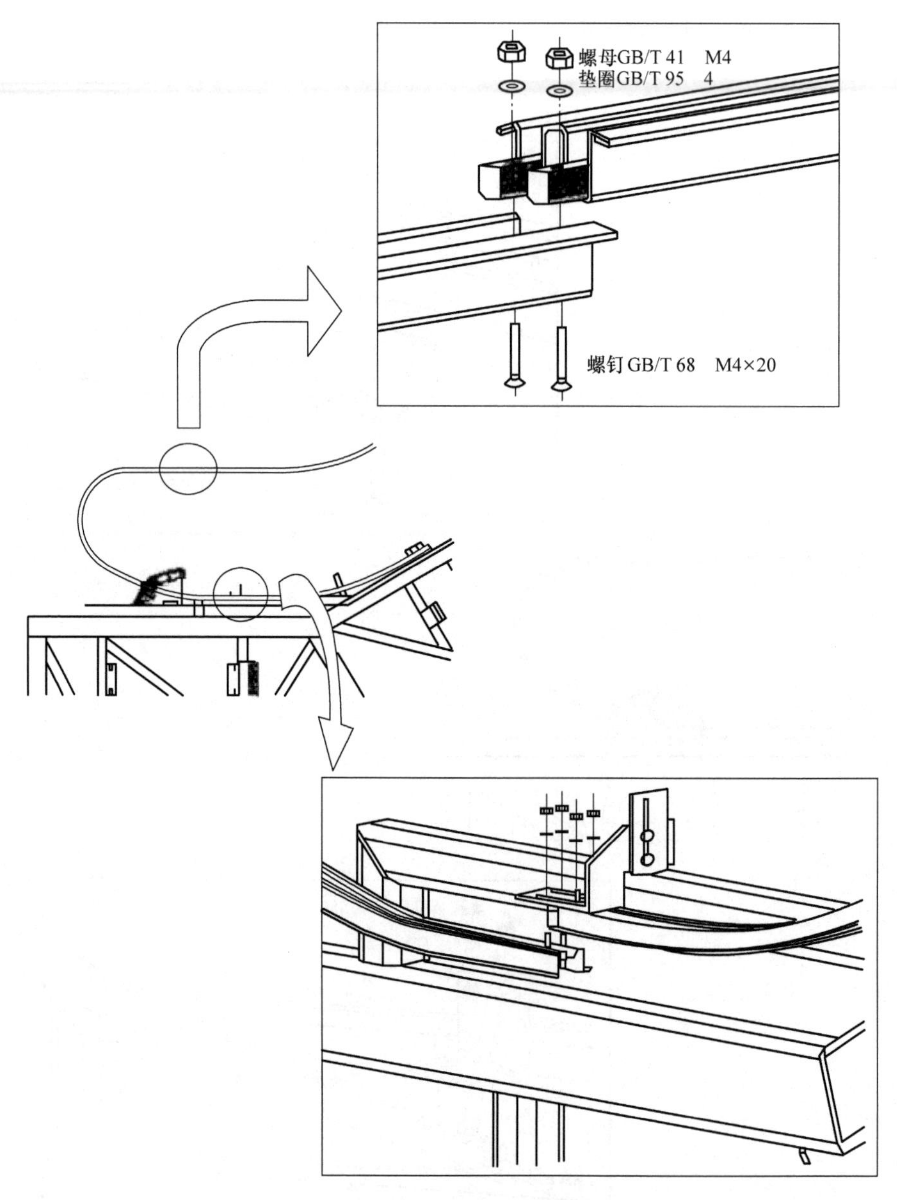

图 2-36 下头部导轨连接

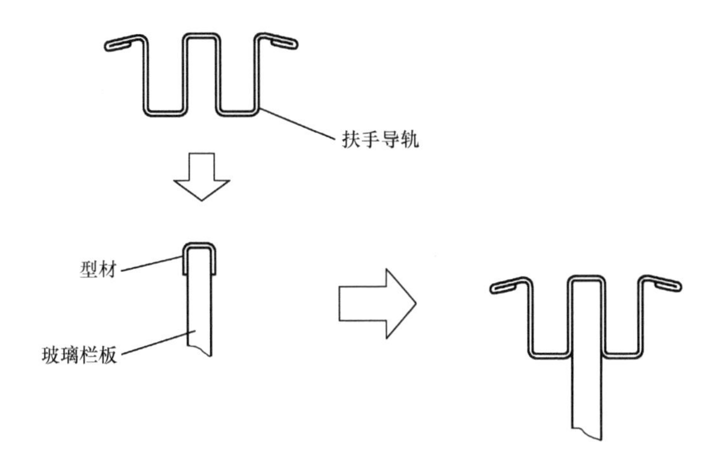

a) 倾斜直线段

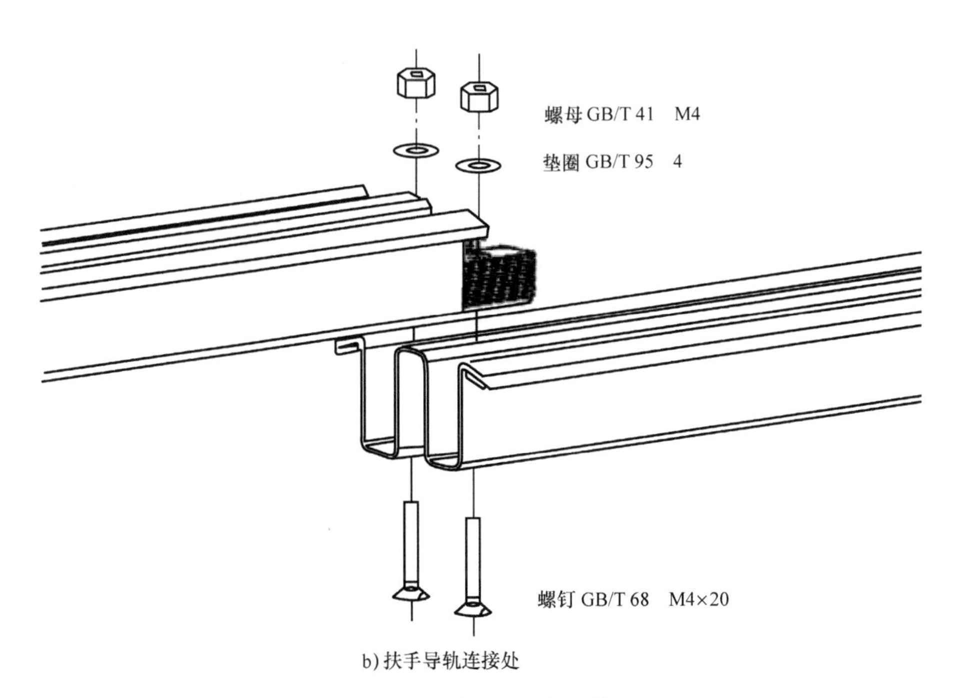

b) 扶手导轨连接处

图 2-37 直线段导轨连接

（2）扶手导轨安装顺序

1）分别以 R 段玻璃与直线段玻璃拼缝的中心线为基准，确定直线段扶手导轨端面的理论位置，并画线做出标记，如图 2-38 所示。

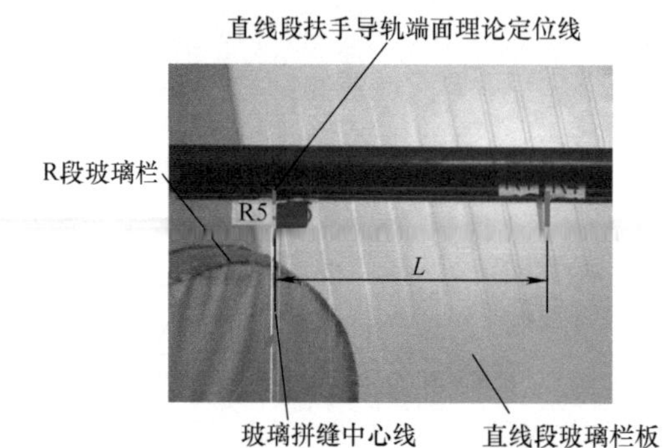

		定位尺寸 L/mm（苗条型）
上头部	30°	331
	35°	386
下头部	30°	343
	35°	618

图 2-38　直线段扶手导轨端面的理论位置

2）以理论定位线为基准将 R 段及头部扶手导轨嵌入玻璃边缘，使用尼龙锤子或专用垫块（见图 2-39）将导轨轻敲到位，并保证各拼缝间隙尺寸小于 0.5mm，高度小于 0.2mm，并且过渡平滑。注意：专用垫块垫在端部导轨滚轮（见图 2-40）上，用锤子敲击垫块（不可敲击在滚轮上）使导轨安装到适当位置。专用垫块可以保护滚轮不被损坏。

3）将直线段扶手导轨两端面与玻璃上两端面的画线位置相比较，将误差向两边均分后，把导轨嵌到玻璃上。

图 2-39　专用垫块

图 2-40　端部导轨滚轮

6.1.4　扶手带的安装

扶手带是扶梯上购买价格比较高的部件之一，并直接影响扶梯外观。扶手的材料是橡胶制品，质地较软，容易划伤，所以在安装扶手带时一定要认真细致，防止扶手带被划伤。扶手带总成如图 2-41 所示。

（1）安装扶手带　安装扶手带时应从上圆弧段开始，在上圆弧段装入后可

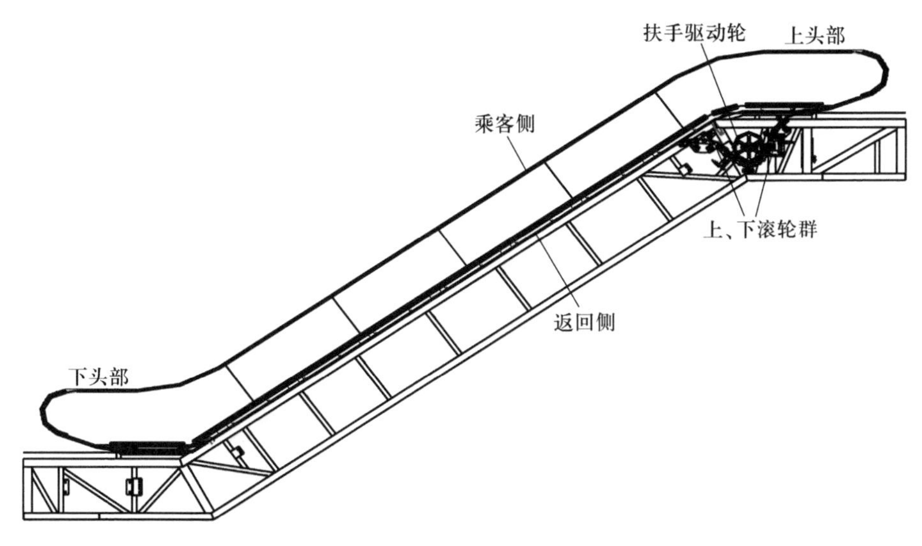

图2-41　扶手带总成

由一人或两人向下拉动扶手带，从而使整根扶手带装入扶手导轨。松开滚轮群的螺栓并移动滚轮群组即可松开扶手带。装好扶手带并调整完毕后，拧紧螺栓。若扶梯分段，则需将分段处全部拼接好，最后再安装扶手带。

（2）扶手带的调整　扶手部件的安装质量直接影响扶手带的运行质量。扶手带的安装质量主要是指扶手带有无跑偏现象、扶手带的张紧程度和扶手带运行驱动力大小。

1）扶手带的张紧程度可用以下方法加以判断：在间距为1200mm的两托辊轮之间的垂直方向下垂量为8～12mm。

2）扶手带驱动力的大小对扶手驱动部件的寿命影响很大，过大的驱动力将使磨擦磨损急剧加快，过小的驱动力又会使扶梯不能正常运行。对于扶手驱动力的大小，一般以在运行时一个成人刚好能拉住为宜（用力约600N）。

3）摩擦轮（见图2-42）和导轨滚轮的侧边不能碰触扶手带的唇口，须保证间隙不小于1mm。

图2-42　摩擦轮

4）扶手带的跑偏是使扶手带产生破坏的主要原因，因此在调整扶手带的跑偏时，一定要细致耐心。

①若扶梯上行时扶手带跑偏，则需调节上滚轮群的定位螺栓。

② 若扶梯下行时扶手带跑偏，则需调节下滚轮群的定位螺栓，如图 2-43 所示。

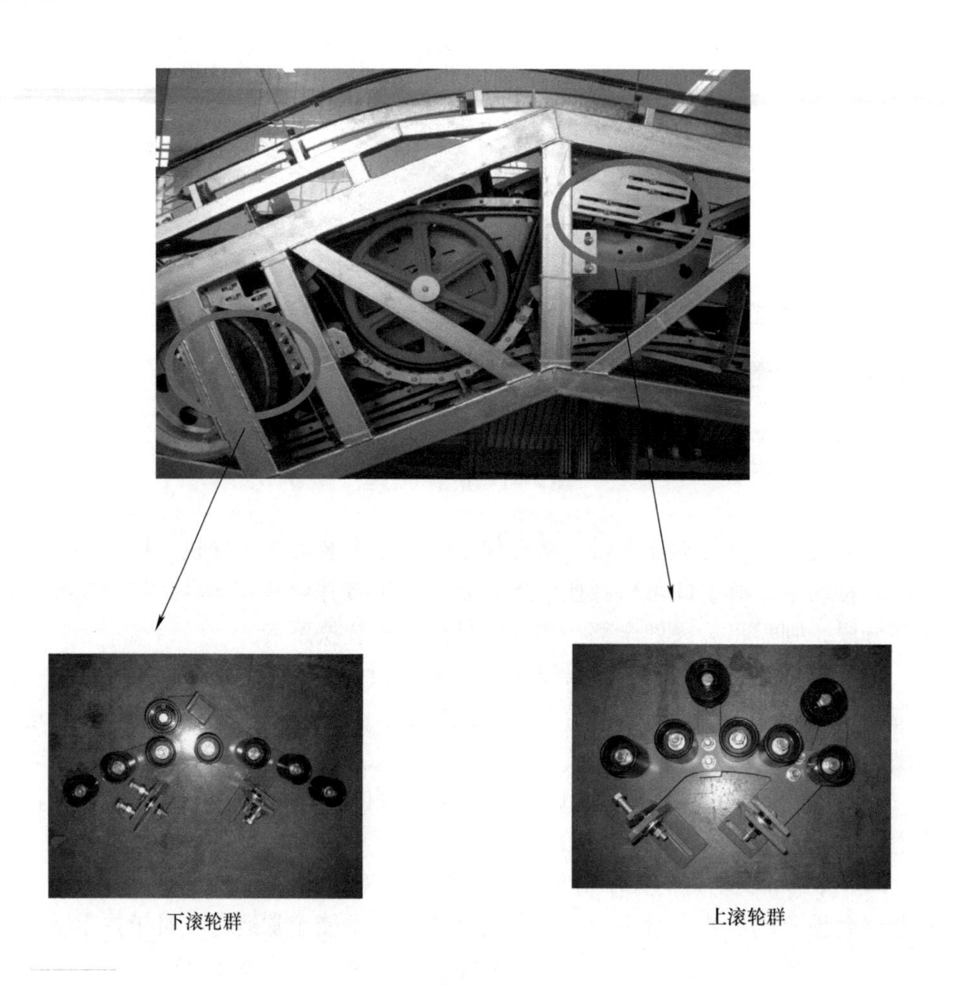

图 2-43　上滚轮群和下滚轮群

注意：上滚轮群的位置在工厂已调整并固定好，在安装现场不需要调整。如果存在扶手带跑偏现象，应由专业人员调整上滚轮群的位置。

6.1.5　围裙板的安装

如果桁架分段，那么需要在现场安装分段处的围裙板。注意：围裙板安装完成后要确保连接处光滑平整，裙板间的缝隙应小于 0.3mm，裙板和梯级间距最大为 3mm，如图 2-44 所示。

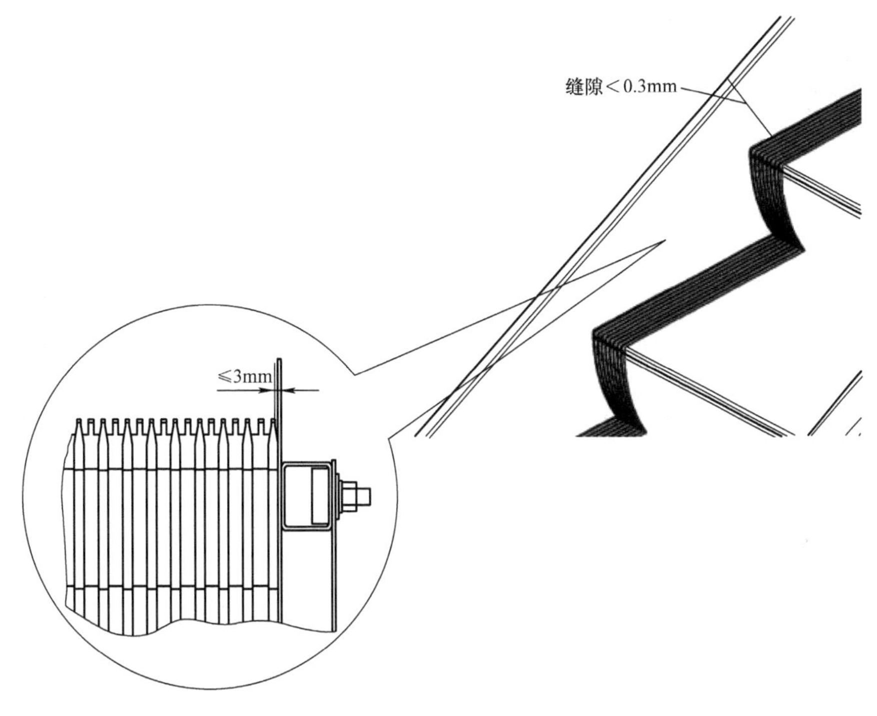

图 2-44　围裙板的安装

6.1.6　毛刷的安装

在运输过程中，桁架连接处的围裙板毛刷已被拆除，应在现场进行安装。

1）安装围裙板时，应将毛刷支架连接到板件上，如图 2-45 所示。

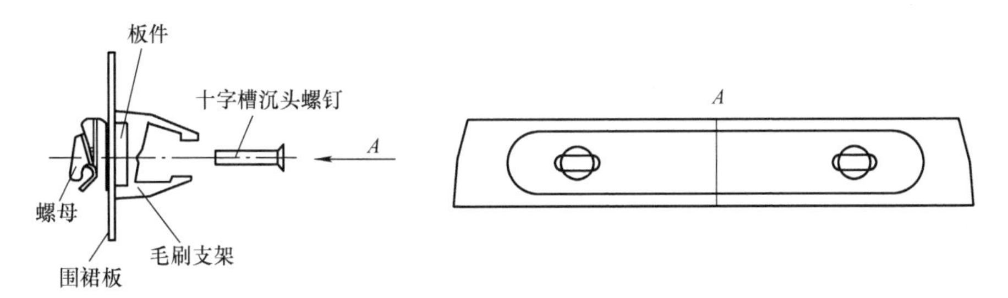

图 2-45　毛刷支架的连接

2）将毛刷插入毛刷支架凹槽中，如图 2-46 所示。

3）将毛刷固定在适当位置后，安装端盖，如图 2-47 所示。

4）完成后必须确保防夹条拼缝平整、光滑。

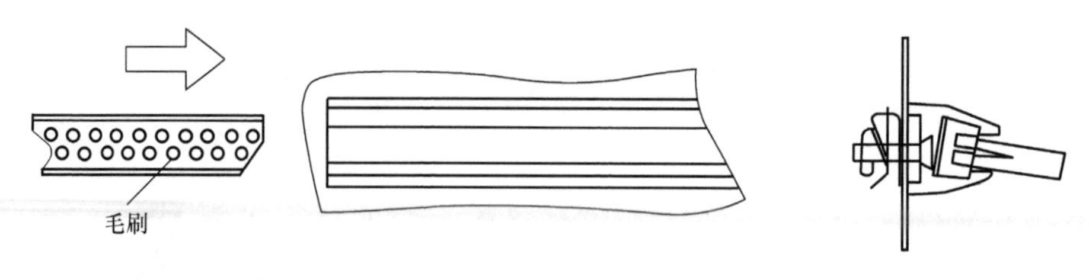

图 2-46 毛刷插入凹槽

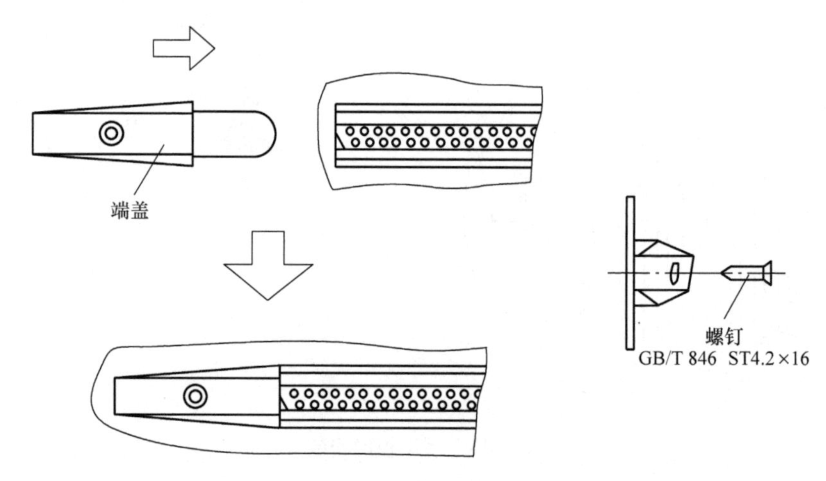

图 2-47 安装端盖

6.1.7 防夹条的安装

通常防夹条在工厂已安装完毕，但运输过程中桁架连接处的防夹条应予以拆除，需现场安装就位。

1）安装被拆除的围裙板。

2）围裙板安装完成后，再安装防夹条。

① 在安装防夹条的位置采用T形螺栓，如图2-48所示。

② 按图2-49所示顺时针旋转螺栓并拧紧螺母。

③ 安装完成后必须确保防夹条拼缝平整、光滑。

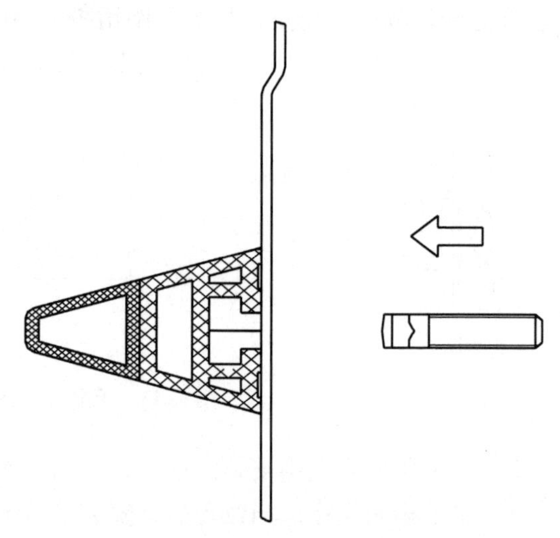

图 2-48 安装T形螺栓

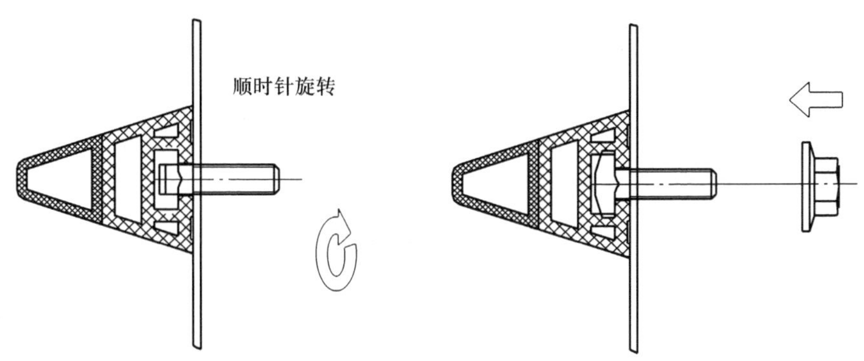

图 2-49　顺时针旋转螺栓并拧紧螺母

6.1.8　盖板的安装

内、外盖板对扶梯起封闭和装饰作用，因此安装内、外盖板时应特别注意，不要用硬物敲击，以防产生影响观感的缺陷；同时还要注意接头处应保持平整且不留缝隙，以免影响观感。特别是内盖板的接头处如有间隙，翘曲会直接影响到表观质量和运行安全。

具体安装顺序如下：

1）将内盖板按从下到上的顺序插入“S 形嵌件”。

2）调整各盖板接头的间隙，待其符合要求后拧紧螺钉，如图 2-50 所示。

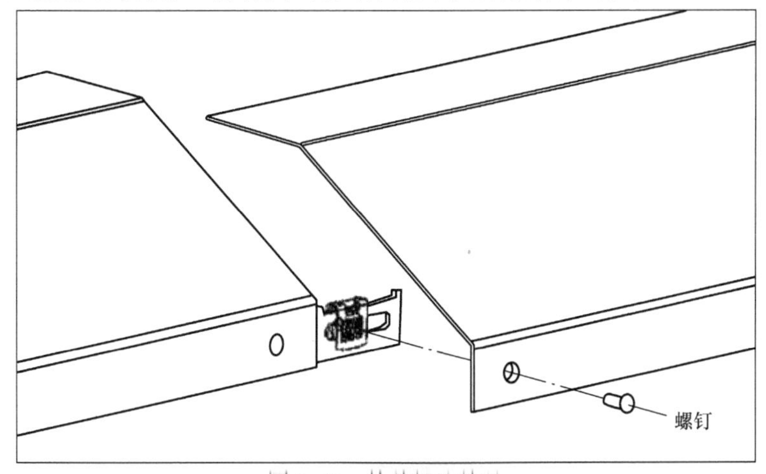

图 2-50　外盖板连接处

3）内盖板安装完成后拼缝间隙不得大于 0.3mm，拼缝处两盖板的平面度误差不得超过 0.2mm。螺钉头部不得高于或低于盖板面 0.5mm 以上。

注意：盖板安装完成后要确保连接处光滑、平整，各个方向的拼缝间隙都应小于 0.3mm。

6.1.9　扶手入口的安装

扶手入口是影响扶梯整体外观的重要部件，因此安装这部分零件时一定要细致认真。需要特别指出的是，在安装时一定要注意带毛刷橡皮头、行程开关两者间的位置关系，以确保扶手入口保护的可靠性。扶梯的扶手入口现场安装部分示意图如图 2-51 所示。

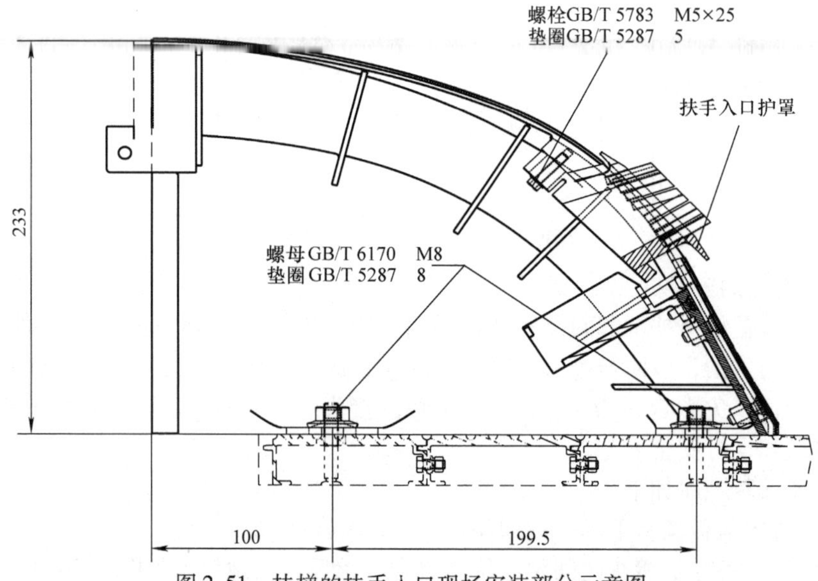

图 2-51　扶梯的扶手入口现场安装部分示意图

具体安装顺序如下：

1）扶手入口外壳已在工厂安装完成，现场需要检查扶手入口紧固件是否松动。

2）安装扶手入口内壳。将内壳插入到围裙板上且到位后，使用螺钉将内壳固定到安全开关的板件上，如图 2-52 所示。

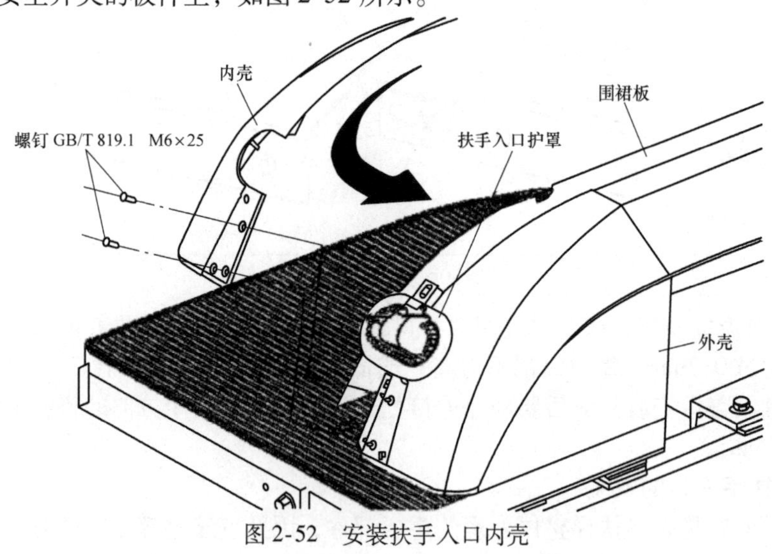

图 2-52　安装扶手入口内壳

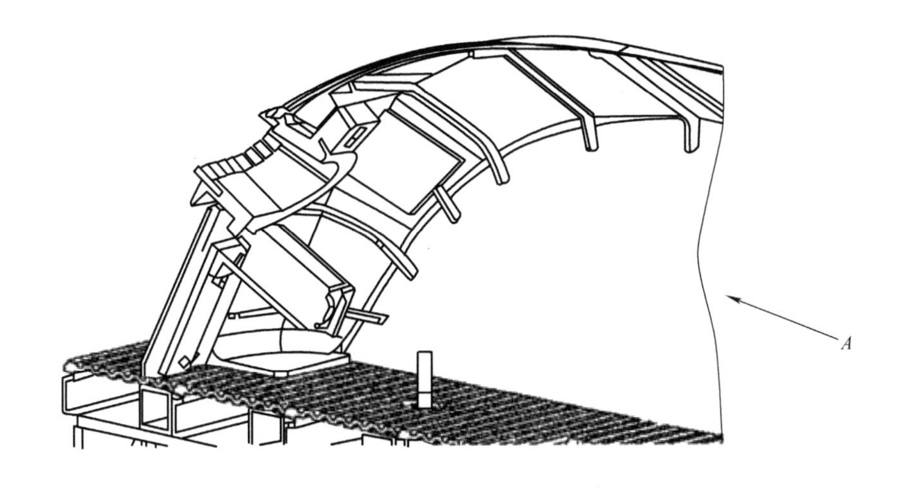

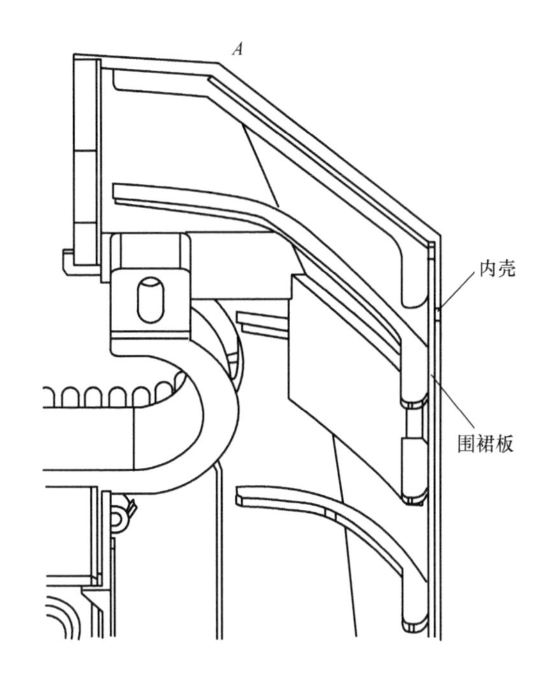

图2-52　安装扶手入口内壳（续）

注意：应保证围裙板被插到扶手入口内壳筋与内表面之间的缝隙中。

3）将扶手入口前板安装到位，如图2-53所示。

注意：扶手入口安装完成后，应保证扶手入口内、外壳与盖板以及围裙板的拼缝平整。

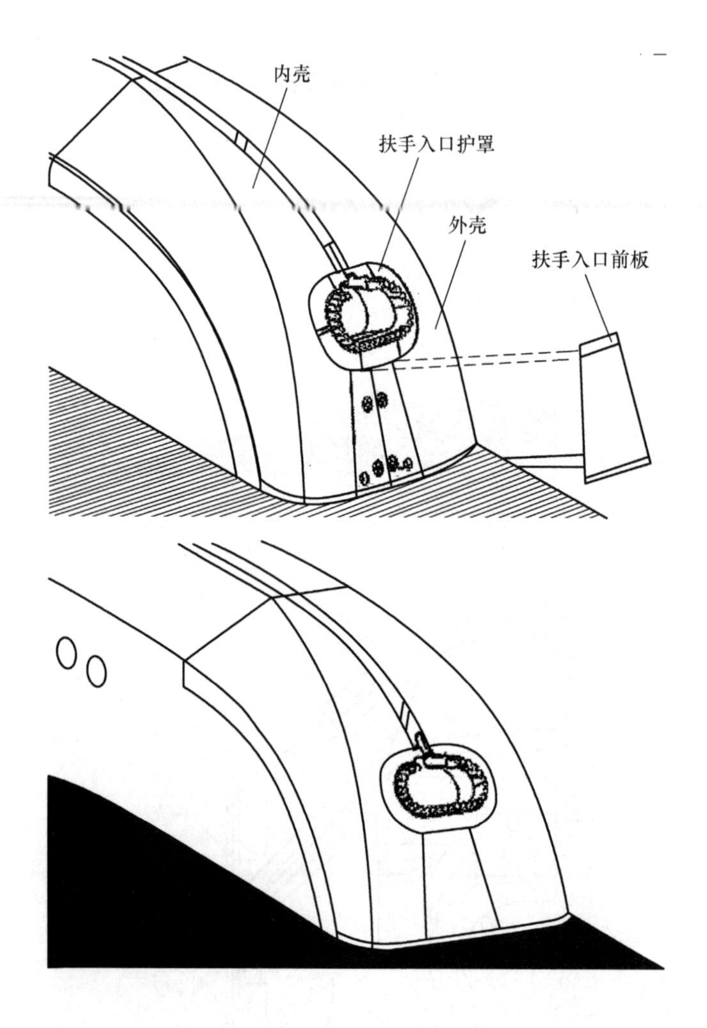

图 2-53 扶手入口前板安装到位

6.2 梯级的安装与调试

6.2.1 梯级的安装

在自动扶梯的下头部可以安装和拆卸梯级。

安装和拆卸梯级时，需要打开前沿板并拆除梯级挡板，如图 2-54、图2-55所示。具体安装顺序如下：

1）将定位圈上的螺栓拧松。

2）将梯级链上的左右轴套拨至中间位置。

3）抬起梯级，将左右副轮通过张紧架转向壁上的缺口处平行地放入左右转向壁内，并将梯级支腿上的轴座卡入到梯级轴上。

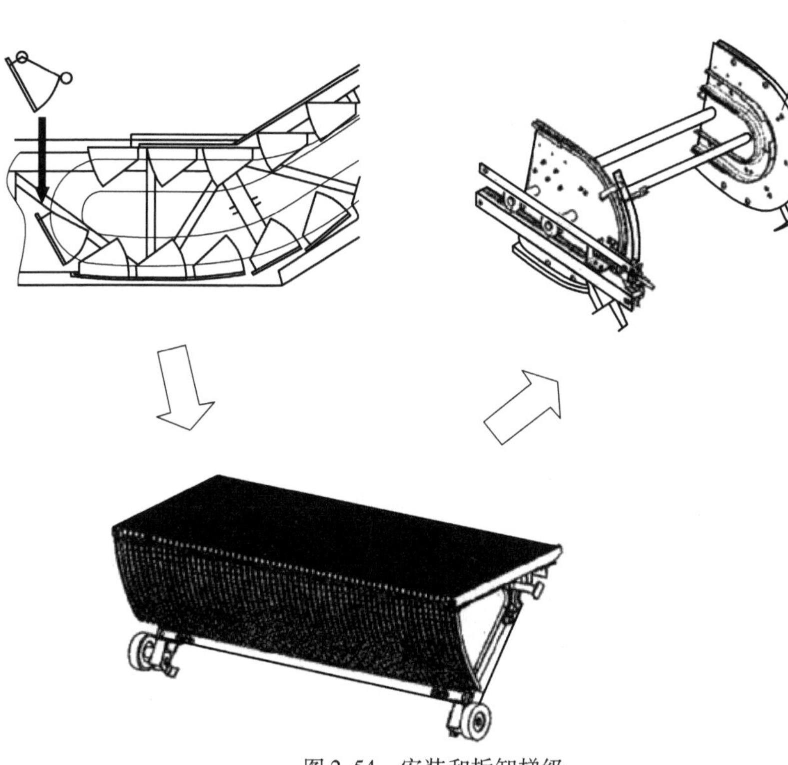

图 2-54　安装和拆卸梯级

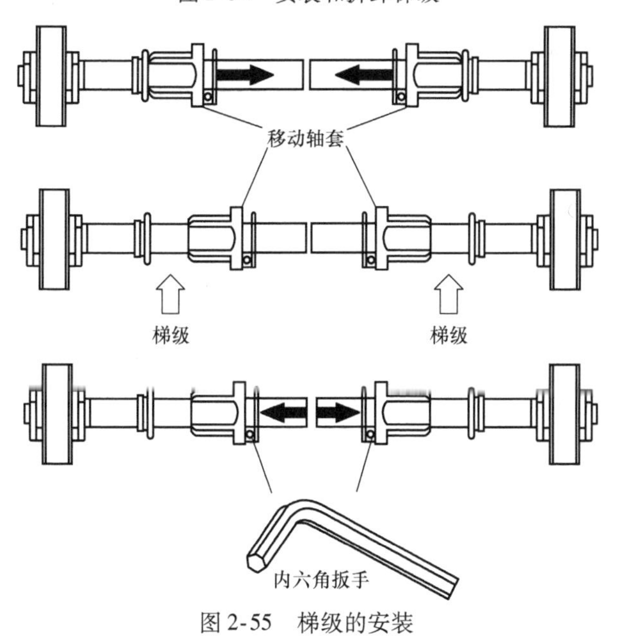

图 2-55　梯级的安装

4）用锤子轻敲轴套使其进入梯级轴卡座内。

5）安装到位后，将内六角圆柱头螺钉拧紧，定位梯级轴套。

6.2.2 梯级的调试

使用检修盒对梯级进行调试，观测梯级错齿情况。要求上下运行时梯级错齿小于1mm。若不满足要求，则将梯级运行到头部恰当位置，调节梯级轴上两侧的轴套来调整梯级的左右，直到梯级错齿小于1mm。重复以上步骤，直至所有梯级位置均符合要求。

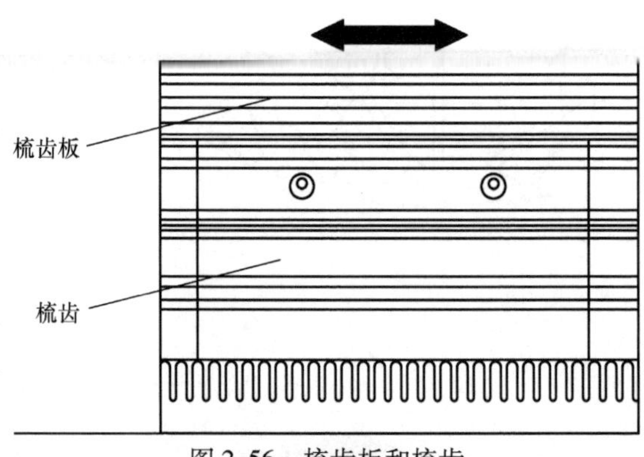

图2-56　梳齿板和梳齿

查看梳齿板的梳齿中心（见图2-56）是否与梯级踏板面齿槽中心重合。若不重合，则应将固定梳齿的螺钉拧松，调整整块梳齿板左右位置，从而保证梳齿与梯级踏板面齿槽中心重合。调整结束后应拧紧螺钉。

6.3 前沿板的安装

前沿板在工厂只固定了前板和中板（见图2-57），后板需要在工地现场安装。

现场安装时，将后板插入到中板的侧边槽中，并用螺栓固定在桁架上，如图2-58所示。

通过调节螺栓，确保安装完成后的前沿板两侧与边框间距为0.5～1mm，如图2-59所示。

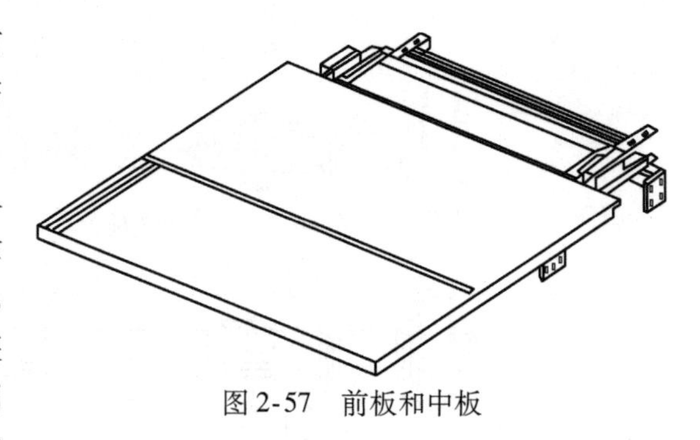
图2-57　前板和中板

调整梳齿板安全开关和压缩弹簧，如图2-60所示。注意：调整安全开关的位置，使其顶部与梳齿板有0.3～0.5mm的间隙，拧紧螺母。

6.4 电器的连接

1）电源：三相五线。

2）按照电缆和端子的标签顺序，将电缆插入端子（见图2-61），然后将螺栓拧紧。

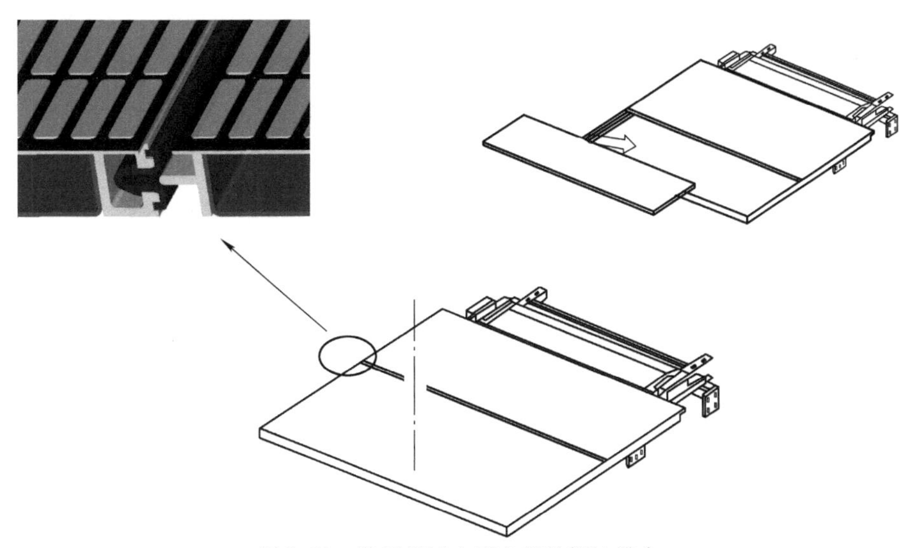

图 2-58 将后板插入到中板的侧边槽中

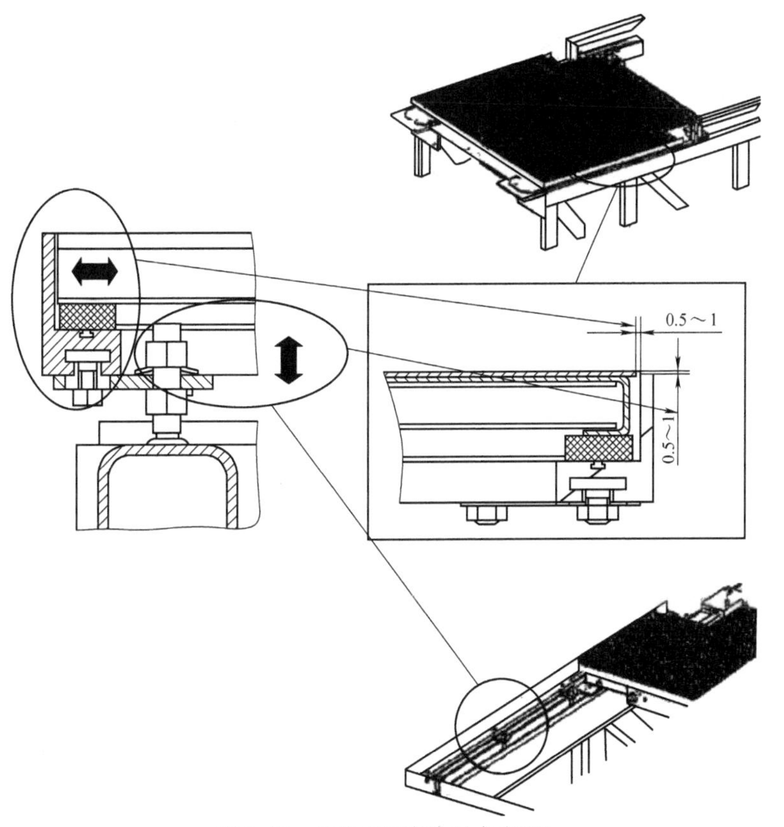

图 2-59 前沿板两侧与边框间距

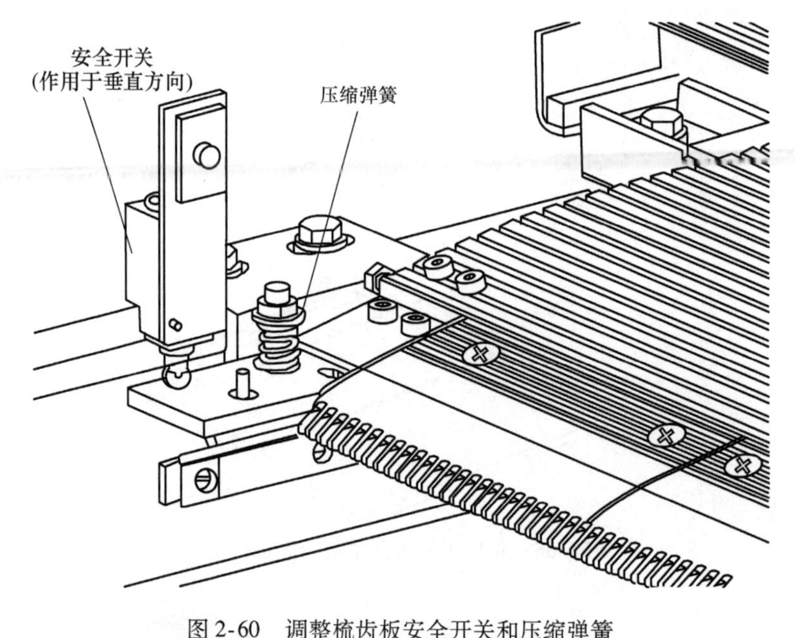

图 2-60 调整梳齿板安全开关和压缩弹簧

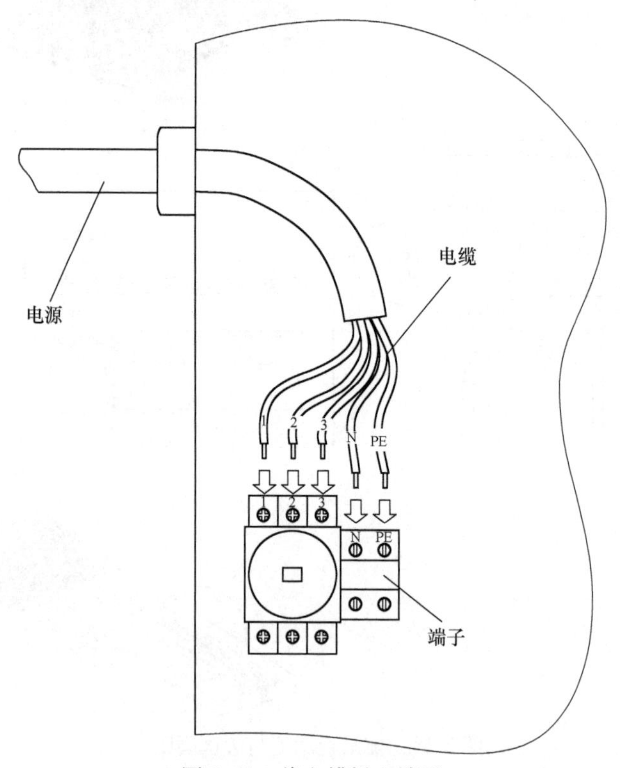

图 2-61 将电缆插入端子

7 扶梯的调试与维护

7.1 安装后的调试

扶梯在出厂前已经过仔细调试并确认合格。但是，在运输、存放等环节，很可能会使产品精度和性能受到一定影响。因此，在安装完成后一定要对扶梯进行仔细的调试，对照检验指导书严格自检。

调试时应特别注意以下几点：

1）有无异常声音。

2）有无碰擦。

3）梯级是否跑偏。

4）梯级与围裙板间隙是否符合要求。

5）各安全开关动作是否可靠，梯级是否有异常振动。

6）自动加油、起动铃声等工作是否正常。

若安全开关存在问题，会引起开关不起作用或误动作。因此，对 17 个安全开关（部分为选配项）的安装要求做了相应规定：

① 曳引链断链安全开关（2 个，SHBL、SHBR）的触头与限位开关板中间角型部分垂直距离最大为 2mm，如图 2-62 所示。

② 梳齿板安全开关（4 个，SCBL、SCBR、SCTL、SCTR）的头部触头与梳齿板的距离为 0.3 ~0. 5mm，如图 2-63 所示。

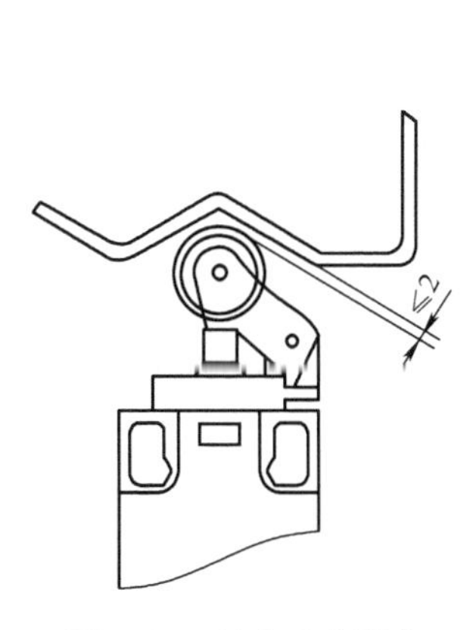

图 2-62 最大垂直距离

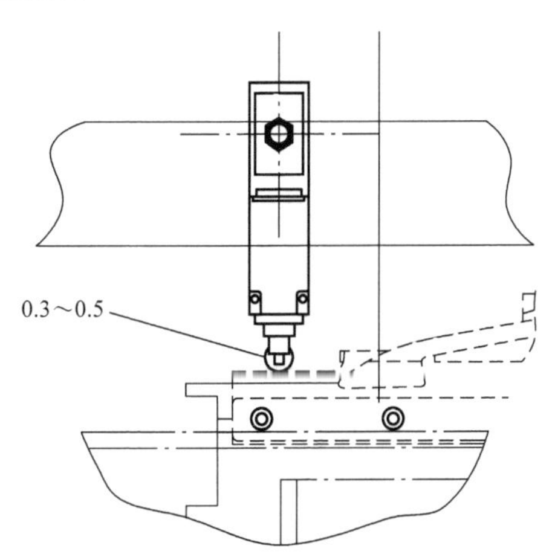

图 2-63 开关头部触头与梳齿板的距离

③ 扶手入口安全开关（4 个，SEBL、SEBR、SETL、SETR）的头部触头与橡胶距离为 0mm，装好后手动检验开关是否动作。

④ 围裙板安全开关（4 个，SSBR、SSBL、SSTR、SSTL）的头部触头与 C 型材上部或是下部距离为 0mm（见图 2-64），且必须保证头部触头不在中间槽里面。

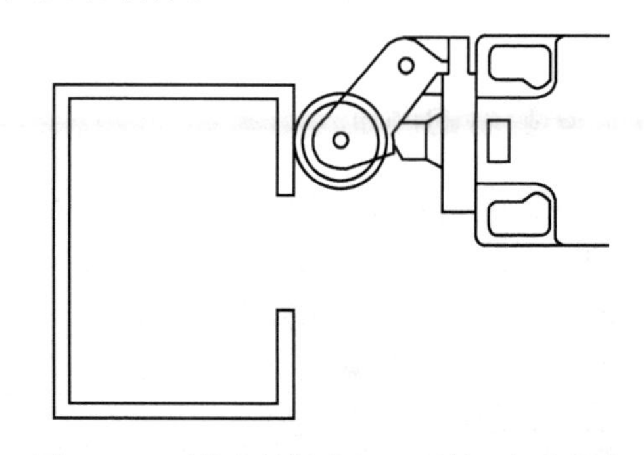

图 2-64　开关头部触头与 C 型材上部的距离

⑤ 梯级断裂安全开关（2 个，SBSB、SBST）的头部触头与金属管凹槽距离为 0mm，同时应保证安全开关打杆与梯级底部距离为 4 ~ 5mm，如图 2-65 所示。

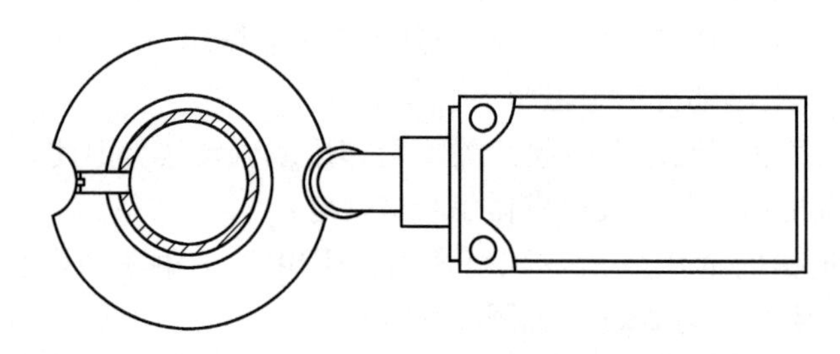

图 2-65　开关头部触头与金属管凹槽的距离

⑥ 主驱动链断链安全开关（1 个，SDCB）的头部触头与限位开关板中间凹槽部分靠在一起，如图 2-66 所示。

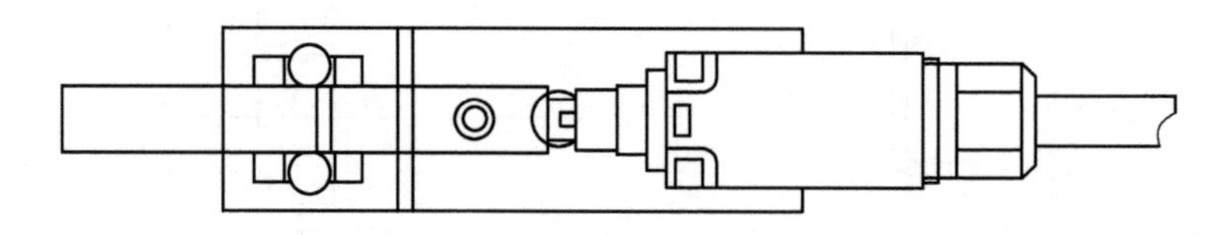

图 2-66　主驱动链断链安全开关

7.2　使用防水油布进行保护

在安装过程中使用防水油布进行保护，防止灰尘和潮湿，如图 2-67 所示。

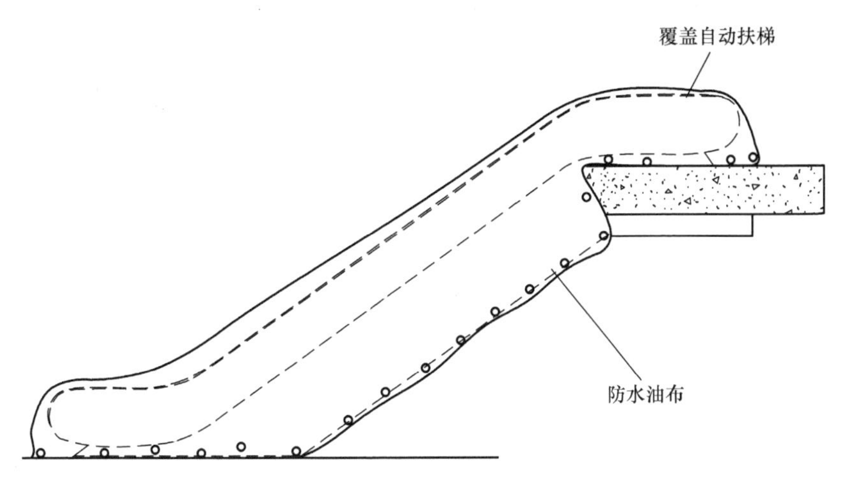

图 2-67　使用防水油布保护

7.3　预防性维护

为了避免梯级链轮和链条滚轮上出现平点以及预防链条氧化，对于在安装完成后不能立即投入运行的扶梯，必须进行预防性维保；对于因为工地、建筑、电力等问题造成的无法安装完成的扶梯，每 6 ~ 8 周也需要进行预防性维护。

按照以下要求进行维护保养：

1）将所有相应的自动扶梯使用防水油布覆盖，且必须保证每 6 ~ 8 周打开机房运行自动扶梯。

2）如果电气方面的安装已完成且现场有电力供给，则用检修盒运行自动扶梯使其上行，并用刷子将 39 号油逐片涂抹到梯级链条上，直到链条完全被浸润。此方式比扶梯自动加油要快许多。

在自动扶梯运行之前，以一个梯级为参照，用粉笔在裙板上标出一个点。当维护完成之后，新标记应比旧标记偏移 33mm，用以避免轮子上平点的产生。

3）如果安装现场还未提供电源，或自动扶梯的电气部分没有安装完成，则可通过手动盘车来运行自动扶梯，且每次运行 33mm，以避免轮子上平点的产生。在这种情况下，张紧架上的弹簧需要完全放松，直到现场可以提供电力来运行自动扶梯。

4）若扶手驱动为大摩擦轮驱动，则在工厂内试运行之后会将摩擦轮的压紧链弹簧松掉，并且保持这种状态直到自动扶梯交付给用户，从而避免扶手带产生压痕。

5）如果自动扶梯直接暴露在室外，则应该更加注意，由于雨水的缘故，需要频繁涂抹润滑油。

冬季温度在0℃以下时，在维护保养开始之前必须对扶手和自动扶梯升温至少1h。如果有雪在梯级上，必须清除干净，否则会破坏梳齿。

6）如果自动扶梯长时间搁置，则在2～3年之后必须更换控制板中的电池。

7）如果自动扶梯搁置的时间太长，那么必须以下列方式来调整主机：

① 拔掉排油装置的塞子，取出0.5L油，检查是否有凝固现象。如果出现了明显的凝固现象，则排放掉余下的油并添入新油，油的型号根据使用的主机来确定。

② 所有制动部件（包括螺线管和制动臂等）必须进行除锈处理。

③ 制动盘也要进行除锈处理。

④ 使主机试运行1h左右（包括上行和下行）。

附　　录

附录 A　电梯安装用工具

序号	名称	规格	序号	名称	规格
1	钢丝钳	175mm	31	游标卡尺	300mm
2	尖嘴钳	133mm	32	水平仪	
3	斜嘴钳	133mm	33	弹簧秤	0～20kg
4	剥线钳		34	秒表	
5	圆头锤	1kg、2kg	35	转速表	
6	铜锤		36	钳形电流表	
7	木工锤	0.5kg、0.75kg	37	万用表	
8	钢锯架	300mm	38	绝缘电阻表	电池式（不准用手摇式）
9	錾子	凿墙洞用	39	电烙铁	75kW
10	划线规	133mm、200mm	40	电工刀	
11	开孔刀	电线槽用（自制）	41	手灯	36V，带护罩
12	样冲		42	手电筒	
13	挡圈钳	轴、孔用	43	验电器	
14	套筒扳手		44	蜂鸣器	
15	活扳手	100mm、133mm、200mm、300mm	45	电钻	6～18kg，18mm
			46	冲击钻	
16	梅花扳手		47	射钉枪	
17	一字槽螺钉旋具	33mm、75mm、133mm、200mm、300mm	48	气焊工具	
			49	小型电焊机	
18	十字槽螺钉旋具	75mm、100mm、133mm、200mm	50	电焊工具	
19	钳工锉	0.5kg、0.75kg、1kg、1.7kg	51	钻头	2.4mm、3.3mm、4.2mm、4.5mm、5mm
20	整形锉		52	液压千斤顶	5t
21	锉刀	板、圆、半圆	53	手拉葫芦	3t
22	木锉		54	索具套环	0.6mm、0.8mm
23	油枪	200mL	55	索具卸扣	1.4mm、2.1mm
24	喷灯		56	钢丝绳卡	Y4－12、Y5－15
25	油壶	0.5～0.75kg	57	C形绳头卸扣	33mm、100mm
26	钢丝刷		58	铁丝	0.71mm
27	直角尺	100mm、300mm	59	钢丝	ϕ2.3mm
28	塞尺		60	吊线锤	10～15kg
29	钢卷尺	5m、30m	61	型砧	
30	皮卷尺	133mm、300mm、1000mm			

附录 B　分段扶梯/人行道的卸车与拼装说明

B.1　分段扶梯/人行道的卸载

B.1.1　将分段扶梯/人行道吊离运输车辆

起吊位置如图 B-1 所示。

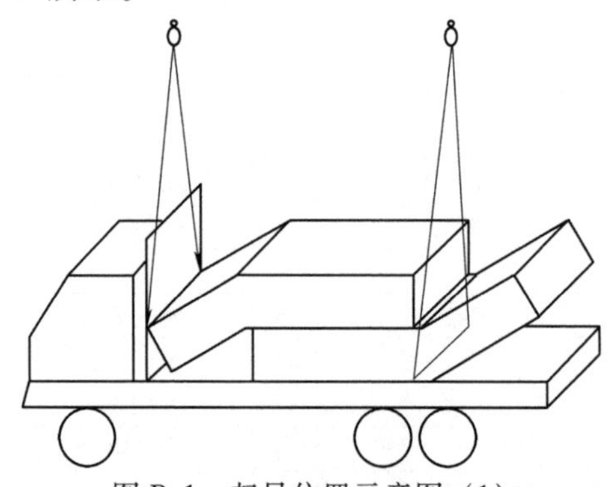

图 B-1　起吊位置示意图（1）

B.1.2　集装箱运输的卸载

起吊位置如图 B-2 所示。

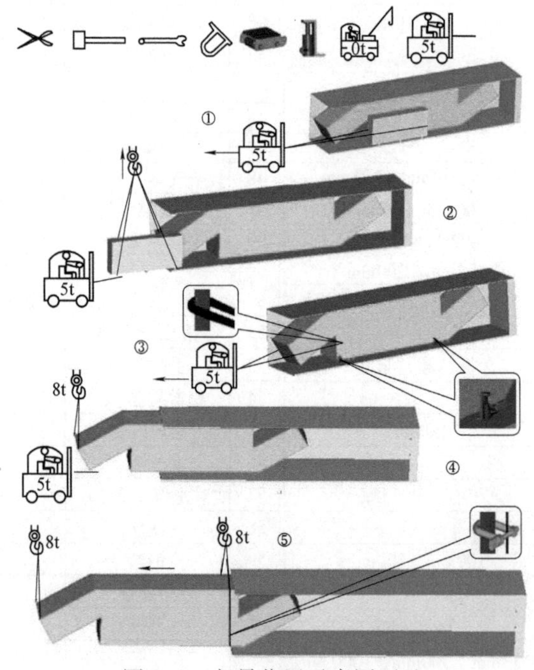

图 B-2　起吊位置示意图（2）

B.2　分段扶梯/人行道的拼装

B.2.1　拆除连接支架的联接螺栓

联接螺栓位置如图 B-3 所示。

图 B-3　拆除连接支架的联接螺栓

B.2.2　分段扶梯连接示意图（见图 B-4）

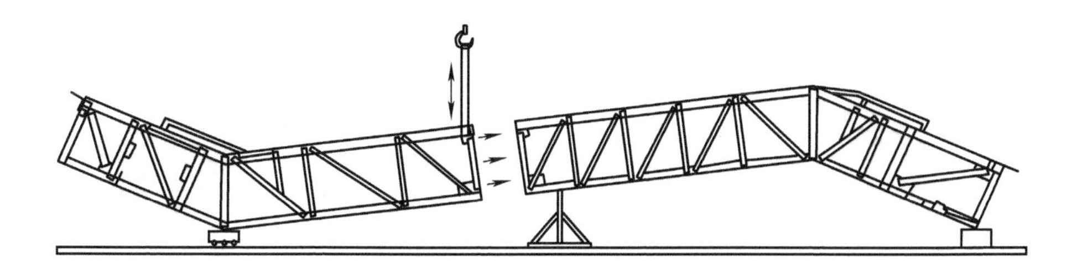

图 B-4　分段扶梯连接示意图

B.2.3　分段人行道连接示意图（见图 B-5）

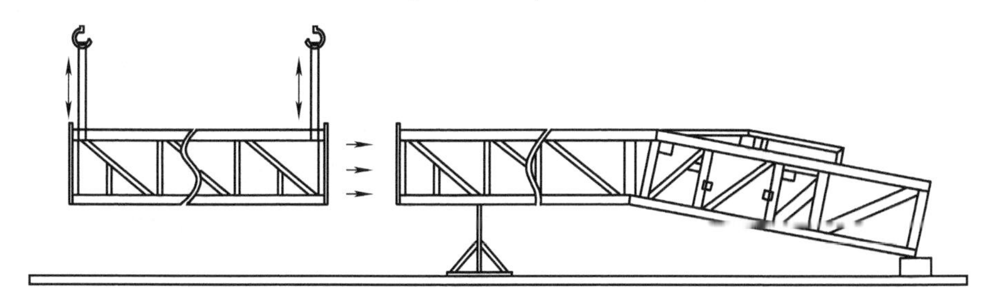

a)分段人行道的连接1

图 B-5　分段人行道连接示意图

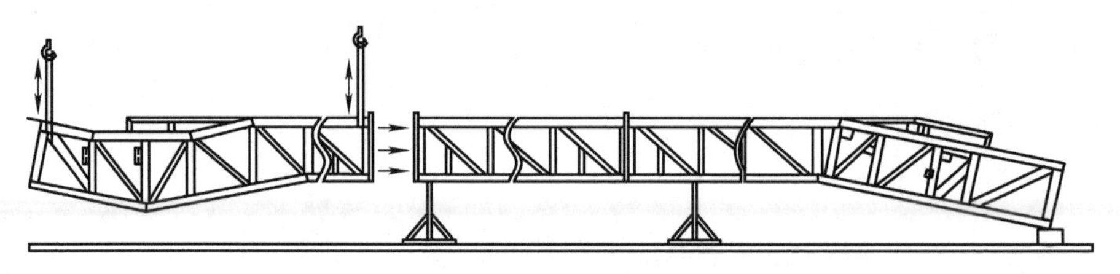

b)分段人行道的连接2

图 B-5 分段人行道连接示意图（续）

B. 2. 4 安装程序

定位上段扶梯/人行道：

1）敲入定位销。

2）用高强度螺栓联接，如图 B-6、图 B-7 所示。

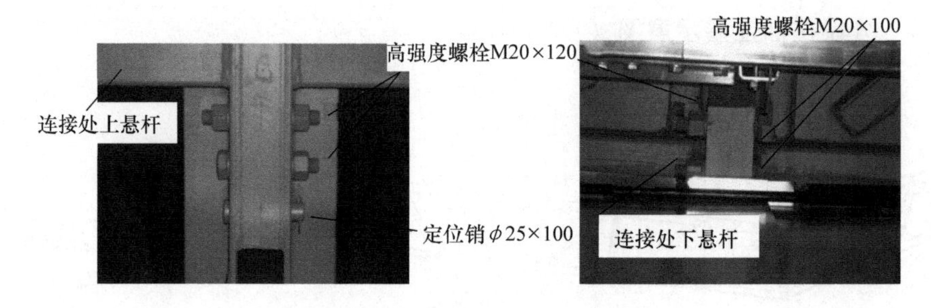

图 B-6 分段扶梯连接部位详图

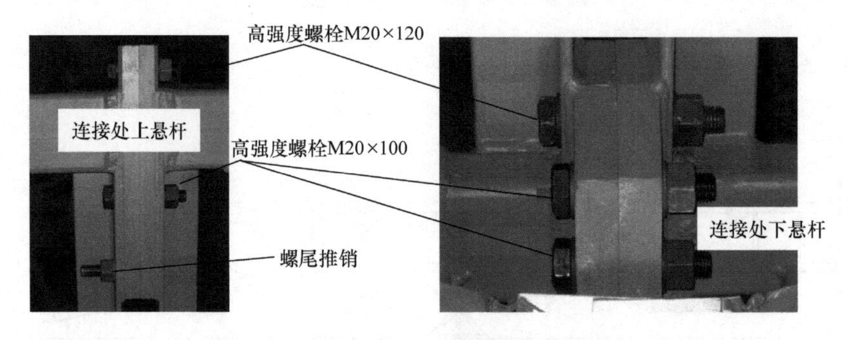

图 B-7 分段人行道连接部位详图

3）连接所有的梯路导轨，确保接缝平滑。

4）连接梯级链条

① 无论建筑物环境如何，梯级链条始终要保持清洁。

② 禁止以任何带压力的方式来清洁链条，避免损伤链条，造成不良后果。

③ 检查所有的定位挡圈是否都在适当的位置，并且所有的链板都能自由移动。

5）桁架上的电气连接，见图 B-8。

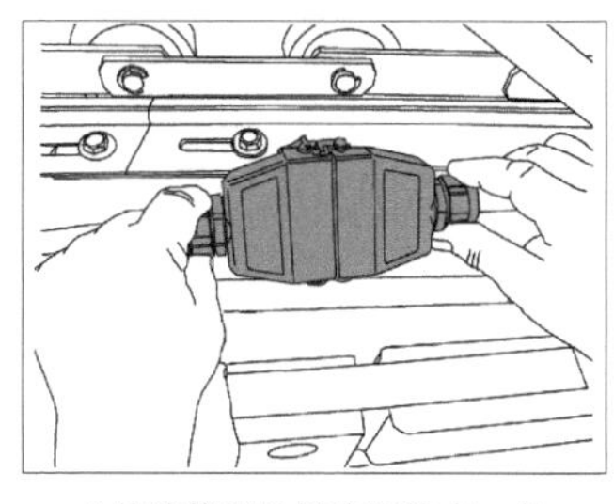

a) 将连接器的插头连接在一起

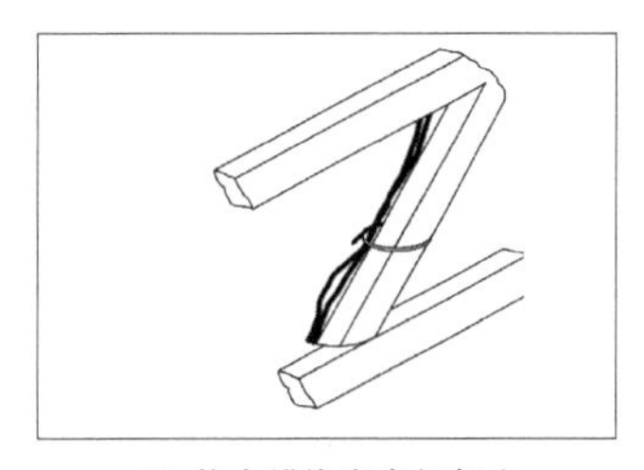

b) 将电缆线绑在桁架上

图 B-8　桁架上的电气连接